古镇景观设计研究
——以陕南古镇为例

李志国　孙　静 ◎著

图书在版编目 (CIP) 数据

古镇景观设计研究 : 以陕南古镇为例 / 李志国 , 孙静著 . -- 北京 : 中国书籍出版社 , 2025. 2. -- ISBN 978-7-5068-4577-9

Ⅰ .TU986.2

中国国家版本馆 CIP 数据核字第 2025M2L871 号

古镇景观设计研究 : 以陕南古镇为例

李志国 孙 静 著

丛书策划 谭 鹏 武 斌
责任编辑 毕 磊
责任印制 孙马飞 马 芝
封面设计 守正文化
出版发行 中国书籍出版社
地 址 北京市丰台区三路居路 97 号 (邮编：100073)
电 话 （010）52257143（总编室） （010）52257140（发行部）
电子邮箱 eo@chinabp.com.cn
经 销 全国新华书店
印 厂 三河市德贤弘印务有限公司
开 本 710 毫米 ×1000 毫米 1/16
字 数 257 千字
印 张 16.25
版 次 2025 年 5 月第 1 版
印 次 2025 年 5 月第 1 次印刷
书 号 ISBN 978-7-5068-4577-9
定 价 98.00 元

目 录

第一章 绪 论

古镇作为“文物特别丰富并且有重大历史价值或纪念意义的城镇”(赵勇等 2005),是人类宝贵的文化遗产。作为一门综合艺术与科学的设计,古镇景观设计的主要目的就是保护和利用古镇的历史文化遗产,同时融入现代元素,以实现历史与现代的和谐共生。古镇设计的核心在于尊重历史、满足现代需求、保护生态环境、融合地域文化,并在全球化和城市化进程中保持独特的风貌。

第一节　古镇景观设计的概念与意义

一、古镇景观设计的概念

古镇景观设计是指在保护和利用古镇原有历史文化遗产的基础上，通过科学合理的规划和设计，提升古镇的吸引力和文化价值，同时满足现代生活需求的一种综合性设计活动，其核心在于保护古镇的历史文化特色，同时融入现代元素，实现历史与现代的和谐共生。作为一种综合性的艺术，古镇景观设计的目标是通过规划、布局和美学处理，将古镇的历史、文化和自然环境完美地融合在一起，以创造充满魅力和人文氛围的空间。这种设计不仅注重空间的美学体验，还特别强调通过景观的布局和元素的选择来增强古镇作为文化遗产的价值和吸引力。

二、古镇景观设计的意义

古镇景观设计旨在通过艺术性的规划和布局，充分展现古镇独特的历史文化魅力，同时提升其在文化传承和社会经济发展中的重要地位，所以说古镇景观设计具有深远的文化传承意义与经济价值。古镇通常蕴藏着丰富的历史文化底蕴，其建筑、街巷等元素，都是历史的见证者。通过古镇景观设计，可以将这些历史元素有机地融入现代生活中，从而让人们在景观中感受到历史的沉淀和文化的传承，同时也为后人留下宝贵的历史文化遗产。随着旅游业的蓬勃发展，越来越多的游客希望通过旅行来体验古镇的历史文化，享受悠闲的古镇生活。古镇不仅是历史文化的载体，也是各种文化形式和创意的展示平台[①]。作为文化交汇的重要场所，古镇景观设计不仅有助于增强古镇的吸引力和提升其经济价值，还能够极大地促进社会文化的繁荣与交流 。

---

① 刘瑞强，席鸿，韩玮霄．文化生态变迁下历史城镇空间的建设、保护与发展 [J]. 城市发展研究，2020，27（11）：38-43.

古镇景观通过设计能够产生各具特色的景观形式,例如文化广场、艺术展览空间等,从而能够发展更多的文化活动和艺术表演,丰富人们的精神文化生活,提升社区凝聚力和居民的文化认同感。古镇景观设计在生态环境保护方面也扮演着重要的角色。它不仅有助于保护和修复古镇的自然生态环境,还能有效整合自然资源,合理利用土地和水资源,从而提高古镇的生态可持续性,实现经济效益与环境效益的双重提升。古镇景观设计不仅是对历史文化遗产的传承与保护,更是促进旅游业发展、推动社会文化繁荣、保护生态环境的重要手段。在当今全球化和城市化高速发展进程中,如何保持古镇独特的文化风貌和历史记忆的同时赋予其新的活力和魅力,是人们共同的责任与使命。

第二节　古镇景观设计的原则与目标

一、古镇景观设计的原则

(一)生态原则

尊重自然地形地貌是古镇景观设计的一项基本原则。大型景观建设常常象征着当地的发展和文化,但这类建设可能带来生态挑战,尤其是在古镇景观设计中,保护和维护生态环境极为重要。自然形成的山坡、水面等地貌元素不仅能丰富景观的多样性,还会直接影响到景观的整体特色和可持续性,因此在设计过程中应当最大限度地尊重和保留这些自然地貌,避免过度的人为干预,以保护和修复的态度对待自然景观。随着城市化进程加速推进,工业生产和居民活动带来的环境压力不断增加,如何有效防治环境污染,保持和恢复自然生态系统的健康状态成为设计过程中不可忽视的内容,防止环境污染成为古镇景观设计的关键挑战之一。

保持自然景观与人工景观之间的和谐关系对于实现生态平衡至关重要。景观设计不仅仅只是建筑布局和植被种植,它更需要在自然与人工、环境保护与建设之间找到恰当的平衡点。需要充分考虑到自然生态系统的复杂性和稳定性，通过合理的设计手段促进自然景观与人工景观的共生共荣，通过完整的生态景观链条，实现对生物多样性的有效保护和对自然资源的可持续利用。

只有采取科学合理的规划和设计，充分尊重和保护自然地貌，有效防治环境污染，促进自然与人工景观的协调发展，构建完整的生态景观链，才能实现古镇景观的可持续发展，为人们创造出一个既美丽又健康的生活环境。

（二）时代原则

在当代社会，时代原则作为评价和衡量景观设计的基本尺度，引导人们在创造和规划景观时应如何理解和应用，现代社会对于环境保护和可持续发展的重视使得景观设计必须在功能上支持生态系统的健康，同时在形式上与周围自然和文化景观和谐共生，不断丰富和完善区域的生态格局。

古镇景观设计的时代原则不仅要求设计者具备对自然环境和文化秩序的敏感和尊重，还需关注人们的生活需求和社会的多元发展。只有在这种综合考量下，才能创造出既符合当代精神特征、又具备实用性和美学价值的景观，为居民和游客提供舒适、宜人的居住和体验空间，同时推动当地的可持续发展和文化繁荣。

（三）地域原则

从景观设计的角度来看，地域原则旨在通过深入探索和充分利用地域的自然和文化资源，创造具有独特地域特色的景观。这一原则要求设计师在进行古镇景观设计时不仅要充分利用当地对地理环境，更要对当地的历史、民俗、信仰等多方面文化内涵进地尊重。由于不同地域的历史、民族、宗教等因素不同，其景观特色呈现出多样性和独特性，例如中国的古镇古村以其独特的地理环境、建筑风格、传统工艺以及地方民俗而著称，如苏州的园林（图 1-1）、丽江的古城（图 1-2）等，都生动地体现出了地域文化。

图 1-1 苏州拙政园

图 1-2 丽江古城

地域原则在现代景观设计中具有重要的指导作用，通过充分尊重和利用地域的自然资源和文化资源，能够创造出既具有当地特色又能够满足现代生活需求的景观。这种融合既体现了地域的历史积淀和文化传承，也展现了发展与时俱进的现代精神和审美趋向，更是实现可持续发展和文化多样性的有效途径。

（四）视域原则

在古镇景观设计中，视域原则是一项至关重要的技术性原则，它不仅是景观规划的基础，也是营造独特魅力的关键。视域原则旨在通过精确的空间布局和景观安排，最大化地展现区域特色和文化内涵，从而创造出令人心驰神往的视觉体验。确定标志性景观是坚持视域原则的重要步骤，这些景观不仅仅是地标，更是整个古镇文化与历史的象征。它们通过形态、色彩、文化符号等方面的设计，成为吸引游客、传递文化内涵的重要元素。

视域原则强调确定主要观赏线，在景观规划中，通过精确划定人流游览线路可以有效引导游客的视线和步伐，使他们在游览过程中能够逐步发现并感受景观的变化，享受连续且富有层次感的视觉体验。确定主视点与主视面是坚持视域原则的关键步骤：主视点是观赏线上最能够展现古镇景观魅力的位置，游客在此处可以获得最佳的视觉效果和感受；而主视面则是主视点所展示的景观特征和神韵，它不仅仅是平面或立面，更是一种能够深刻表达文化与历史内涵的视觉呈现方式。建立景观视觉通廊也是重要一步，通过合理布局标志性景观和游览线路，景观设计师可以打造出一条条连贯且令人流连忘返的视觉通廊，使整个古镇景观系统呈现出协调统一的整体美感和文化氛围。视域原则不仅仅是古镇景观设计中的技术性要求，更是一种通过精准规划和设计最大化展示地方特色与文化魅力的艺术手段。视域原则为古镇的发展和古镇吸引力的提升提供了重要的理论支持和实践指导，使古镇成为文化传承和体验的理想场所。

（五）系统原则

在现代景观设计中，系统性和整体性的考量尤为重要。设计不是单一元素的简单堆砌，而是一种有机结合。开放系统原则要求景观设计不应局限于静止不变的状态，而应是一个持续发展和演变的过程。古镇不同于静态的博物馆展品，它是历史的延续，是社会、文化和自然的交融，古镇的景观设计需要能够适应和引领时代的变迁，同时保持其独特的历史韵味。

重点突出与综合协调原则强调的是子系统之间的互动与平衡，古镇景观由多个子系统组成，包括标志性建筑、道路与游览线路、绿地与园林、自然山水、古建筑以及民俗文化等。这些子系统相互协作，共同构成了景观的整体性与和谐性。在实际设计中要尊重自然地貌的基础，结合地方文化与居民生活习惯打造出既美观又实用的空间。通过合理规划公共空间、提升景观品质、增强社区凝聚力，实现生态环境可持续发展与宜居的双赢局面。

（六）以人为本的原则

在现代古镇景观设计中，成功与否往往取决于它能否有效地满足人类环境活动的需求。尽管景观设计具有艺术品位和个人喜好的因素，但更重要的是要迎合大多数人的使用需求，考虑到大众的兴趣和人类共有的行为模式。因此，群体的需求往往优先于个体的偏好，这是现代古镇景观设计的基本原则之一。

人类在景观空间中的基本活动可以归纳为三种类型：必要性活动、选择性活动和社交性活动。必要性活动包括日常的行走、工作等功能性活动，选择性活动则涉及个体的休闲娱乐和文化活动，而社交性活动则强调人们之间的交流和互动。在进行古镇景观设计特别需要注重人的社交需求和活动的选择性，从而更好地服务于群众的使用需求。现代古镇景观设计不仅仅是美学和功能的结合，更是一种在满足人类基本活动需求的同时促进社会互动和文化传承的重要手段。通过合理布局和设计，能够有效提升景区的吸引力和实用性，为人们的生活和休闲活动创造出更加宜人和丰富的空间体验。

（七）原真性建构原则

在当今旅游业蓬勃发展的背景下，古镇成为许多游客向往的目的地，不仅因其悠久的历史和独特的文化景观，更因为这里居住着真实的居民，他们的生活成为游客探索与观察的对象，正是这种游客与居民之间的互动，引发了关于古镇原真性及居民生活权益的深刻思考和讨论。古镇的魅力在于其“活”的景观，也就是居民在古老文化背景下所展现的现代生活。一些人主张，为了维护古镇的原真性，居民应当保持传统的生活方式，避免现代化设备的使用，以免演变成现代生活的模样，这种观点忽略了居民自身的现代生活需求和权益。作为当代社会的一部分，居民有权享受现代化带来的便利，从而实现生活质量的提升。他们不希望被限制在过去的生活方式中。过度追求和保护古镇的原真性，有可能损害居民的生活权益，如果仅仅为了满足游客的审美需求而束缚居民的生活选择，显然是不合理和不人道的。居民应当在自由选择的基础上拥有利用现代技术和设施改善生活条件的权利。面对古镇原真性保护与居民生活权益保障之间的矛盾，我们需要寻求一种折中的解决方案。这种方案既要尊重和保护古镇独特的历史文化和建筑风貌，又要允许居民在现代社会条件下自由地选择和生活。可能的折中途径包括建立合理的规划管理机制，平衡旅游业发展与居民生活质量的关系，促进古镇的可持续发展。当然重视居民的参与和意见也是解决这一问题的关键。通过居民的参与，可以更好地理解他们的需求和期望，为他们提供合适的支持和保障，从而达到保护古镇原真性与维护居民生活权益的双赢局面。

二、古镇景观设计的目标

古镇景观设计的目标是美化环境，另一方面是通过设计元素和布局，真实地展现和传承当地的历史、文化和人文特色。随着旅游业的快速发展，越来越多的古镇成为热点，吸引了大量游客的同时也面临着如何保护和利用好自身文化资源的问题，在这种背景下古镇景观设计的目标显得尤为重要。

（一）加强古镇艺术表现力

对于那些停留时间极短的游客来说，他们往往难以深入体验古镇的精髓和独特之处，如何在短暂的时间内，精准而生动地展示古镇的文化魅力，成为古镇现代开发的重要课题。艺术的强化是提升古镇吸引力的关键策略之一，这并不是为了背离古镇原有的真实面貌，而是通过艺术的手段更有力地表达其原真性，例如，夜景的亮化就是通过灯光展现古镇美学魅力的又一重要手段，通过巧妙的灯光设计，可以勾勒出古镇独特的空间格局和建筑轮廓，突出各个重要节点的观赏价值，从而创造出令人惊叹的视觉效果和意境感,使得古镇的吸引力和表现力得以显著提升。将时尚元素和独特艺术设计融入歌舞中,通过合理运用灯光、舞台和布景,使得表演更具戏剧性和感染力,更能生动地展现古镇的独特魅力,实现人与景的情景式交融,从而给游客带来极大的沉浸式体验感。

(二)避免开发消极文化

如今,一些古镇和传统景区面临着如何解决文化保护与商业开发的矛盾,有些地方不对本土文化进行深入挖掘与发展,而是迎合游客的猎奇心理,只展示那些表面的甚至已经被社会摒弃的封建迷信和陈规陋俗。这种做法虽然可能在短期内带来一时的"轰动效应",却并不符合游客和居民对于原真性的真正期待和认同。传统文化是古镇的灵魂和魅力所在,它蕴含着丰富的历史积淀和地方特色。如果只迎合游客的猎奇心理,不仅不能真正反映古镇深厚的文化内涵,还会削弱其长期的吸引力和可持续发展的潜力。游客更倾向于看到符合现代审美价值的古镇美景,而非被过时、落后的文化符号所吸引。

一个真正发展的古镇应该在尊重和传承传统文化的同时注重创新和现代化的融合,通过深入挖掘和全面展示古镇的精华(如其独特的建筑风格、传统手工艺、历史人物故事等),可以更有效地吸引和留住游客的心。这不仅可以加深游客的文化体验,还能够增强居民对本土文化的认同感和自豪感,从而形成一种良性的文化传承与发展的循环。在面对全球化的挑战和市场竞争的今天,古镇的发展策略应该更加注重文化的内涵,而非简单追求眼前的经济利益和"轰动效应",只有通过真正的文化深耕和创新发展,古镇才能在旅游业的大潮中立于不败之地,并为后人留下真正丰厚的文化遗产。

(三)修缮景观,修旧如旧

在古建筑保护与修复的实践中,修旧如旧这一理念不仅是对历史文化遗产的尊重,更是对传统工艺和建筑美学的传承与发展。从原真性建构的角度来看,修旧如旧不再简单地追求原样复原,而是在尊重历史的基础上结合现代技术和材料进行更为全面和细致的修缮与保护。修旧如旧的实践强调使用传统材料和工艺对残损部分进行修复,不仅包括传统原材料的使用，如木材、石料等，还涉及传统的色彩、图案和风格的恢复。例如，黄鹤楼、滕王阁等因历史原因多次倒塌，通过历代的修缮和复原，成功保留了其原有的历史风貌与文化价值。

为确保古建筑的结构安全和长久保存，必须进行有效的结构加固。在加固过程中，应尽可能保持原建筑外观的和谐统一，避免破坏其历史风貌。对于需要更换的原始构件，可以考虑使用现代化材料进行替代。这就要求新材料在外观上具备良好的伪装能力，使得普通观众难以辨别其与原材料的差异，从而保持古建筑的视觉连续性和历史感。必须确保修复部分与周围环境协调一致，避免引起视觉上的不适感。在整体翻新时，应适度降低做旧程度，以达到看上去非全新、历经岁月的效果，这是对古建筑历史沉淀的一种尊重。

（四）改变古镇落后面貌

古镇作为历史与文化的活化石，对于游客而言，其吸引力远非仅限于其古老的建筑和传统的生活方式。在探索古镇时，游客更多地希望感受到一种独特的历史氛围和文化体验。他们寻求的是一种与现代生活不同的生活体验，古镇的街巷虽然有些许寒酸的角落，却也因此显得更加贴近现实的生活状态，而非遥不可及的历史断片。修葺一新的古建筑和精心保护的文化遗产，不仅能够展示出古镇作为水乡富庶地区的历史辉煌，同时也能反映出居民对自身文化传承的重视与呵护。

对于居民而言，贫穷与落后并非他们愿意与古镇联系的标签，他们积极参与古镇的文化保护和发展，努力改善基础设施和服务水平，使游客能够更好地理解和体验当地的历史文化。他们不仅关注古镇的原真性，也在努力营造一个更加宜人的环境。古镇的魅力在于它既能展示过去的光辉，又能与现代社会和谐共生。游客在探索古镇时，并非追求一种“贫穷”的体验，而是希望从中感受到一种不同于现代生活的生活方式和文化氛围，古镇作为文化遗产的守护者和传承者，正通过努力为游客打造一个个既真实又愉悦的文化空间。

第三节 古镇景观设计的核心理念

一、以调查研究为前提进行旅游开发

古镇的旅游开发是一个复杂而微妙的过程,它不仅关系到文化遗产的保护,还涉及地方经济的发展和社区的福祉。古镇景观开发往往面临着权威主义的挑战,这种挑战在古镇景观旅游开发中主要表现为过度依赖政府、开发商或专家的判断和决策。权威的决策可能缺乏充分的科学依据,导致开发项目不符合科学规律,甚至对古镇景观的文化遗产造成破坏。

为了克服权威主义的弊端,古镇景观开发应该以调查研究为前提。调查研究可以为旅游开发提供科学的依据,避免主观臆断和盲目决策。开发涉及历史、文化、经济、环境等多个领域,需要多学科的专家共同参与,形成综合的研究团队。

二、重视原真性感知,完善相应机制

在当代旅游业的发展中,保持旅游地的原真性是一个备受争议的话题。原真性被视为一种保护本地文化和环境的理念,其实际影响却远超过表面所见。传统上,原真性被解释为将某地区的生活状态保持在一种较为原始或孤立的状态,以便让游客能够体验到"未受污染"的本地文化。希望通过限制外界影响来保护当地的独特性,正如许多评论家所指出的,这种做法实际上剥夺了本地居民与外界社会交流的机会,进而限制了他们享受现代文明成果的权利。

对于许多旅游地的居民来说,生活在"被冻结"的状态下,似乎像是被放置在博物馆中,成为观赏的对象而非活跃的社会成员。这种做法不仅阻碍了社区的经济发展,还限制了个体的发展空间和自由选择。随着时代的进步,人们的生活方式、价值观和技术应用都在不断变化,试图

强行让某一群体保持在特定历史时刻的生活状态，实际上是一种不现实且不人道的做法。

从文化建构主义的角度来看，任何文化景观的真实性都不应仅限于固定某一时刻的状态。本地生活随时间而变化是自然的趋势，因此，更应该寻求一种平衡，既能改善当地居民的生活质量，又能尊重和保护他们的文化特色。这包括通过教育、技术发展和经济支持，让居民在保留传统价值的同时参与到现代社会的各个方面中去。现代旅游业应当不断探索新的方式来展示本地文化，而不仅仅是简单地提取表面的文化符号。游客对于传统文化的理解也在不断演变，他们更愿意欣赏和理解当地文化，而非要求某种原始生活的完美复原。

维护旅游地的原真性需要更多的审慎和综合考量，只有在尊重现代化进程的情况下才能真正实现文化保护和社区发展的平衡。这样的努力不仅有助于保护地方性文化，还能为游客提供更丰富和深入的体验，推动旅游业的可持续发展。

作为传统文化的传承者，本地居民对于其文化的原真性有着独特的认知和评价标准。他们不仅仅是旅游业的一部分，更是古镇景观的根基和灵魂。居民对原真性的体验直接影响他们对旅游业的态度和支持程度。如果他们感受到自身文化受到商业化开发冲击或是被忽视，那么他们对旅游业的支持很可能会减弱甚至转为反感。这种情况不仅不利于古镇的保护，也会威胁到其可持续发展的基础。

政府在旅游开发中应当加强对居民意见的征求和尊重，通过建立有效的沟通渠道和参与机制，更好地了解和响应居民的关切和诉求，从而调整开发策略和政策措施，保障居民的文化权益和生活质量。商业开发者和投资方在进行项目规划和设计时，应当充分考虑到居民的原真性感知。这不仅包括建筑风貌和文化传承的保护，还应当考虑到居民的日常生活需求和社区关系，避免因过度商业化而带来文化剥离和社会冲突。

三、原真性保护兼顾生活需求

古镇景观原真性保护是一项复杂而重要的任务，尤其在江南水乡等“活”态景观中，需找到居民生活需求与开发间的平衡点。这些古镇景观不仅是游客眼中的历史遗迹和文化符号，更是当地居民世代生活的场所，承载着他们的日常生活和文化传承。随着旅游业的发展，古镇景观的原真性往往面临着来自商业化和大规模开发的压力，忽视居民的生活需求只为了迎合游客的眼光，将可能导致社会矛盾的激化和文化传承的断裂。因此，保护古镇景观原真性不仅仅是保护建筑、风貌和历史，更应当是保护居民的生活方式、社区和文化认同。

在这个过程中，政府的角色至关重要。政府需要通过有效的规划和管理措施，确保古镇景观开发与居民生活的有机结合，这包括建立合理的规划，限制商业开发的范围和规模，以及制定政策来保护居民的居住权益和文化传承。政府还应当鼓励和支持当地居民参与到服务业中，使他们能够从旅游业中分享经济效益，保持他们的生活方式和社区精神的连续性。

除了政府管理，社会各界的参与也是确保古镇景观原真性保护的关键因素，文化保护组织、学术界、居民代表等应当参与到决策过程中，共同制定符合古镇景观特色和居民利益的发展策略。这种多方参与的模式可以促进社会的和谐发展，确保旅游业的可持续发展和古镇景观文化的长久传承。[①]

四、严控旅游过度商业化

古镇景观旅游发展商业化是促进经济繁荣和文化传承的重要手段，商业化不仅为游客提供了便利和服务，也为当地居民带来了经济收益，推动了地方经济的振兴。但是，过度的商业化可能会导致古镇景观文化的淡化和原真性的丧失，因此有必要在发展过程中找到平衡点。

专家们通过实证研究提出了原真性建构原则和商业化范围，这些成果为制定适当政策和管理措施提供了理论依据，政府在这一过程中扮演着重要角色，其责任在于制定和执行相关政策，确保商业化活动符合古镇景观的文化和历史背景，同时保障居民的利益和生活质量。开发商作为商业化的执行者，需在政府监管下履行社会责任，遵循可持续发展的原则，避免仅追求短期经济利益而损害长远发展和文化传承。建立透明和公正的决策机制，确保专家、政府和开发商各自在各自的领域内发挥作用，不主观臆断或越权擅行，是有效管理商业化的关键，社会各界的参与和监督也是确保商业化适度的重要保障。公众的意见和反馈应得

① 刘雪丽，李泽新，杨琬铮，等. 论聚落交通遗产的活化利用：以茶马古道历史古镇上里为例 [J]. 城市发展研究，2018，25（11）：93-102.

到重视，利益相关方之间的沟通和协调也必不可少。只有形成全社会共识和人们共同参与，才能有效地保护和传承古镇景观的独特文化魅力，实现经济效益与文化保护的双赢局面、明确并严控古镇景观商业化的“度”，需要政府、专家、开发商和公众共同努力，共同维护好古镇景观的原真性和可持续发展，使其成为文化遗产的宝贵资源。

文化旅游在当今全球旅游业中扮演着越来越重要的角色，它不仅是经济增长的重要驱动力，还承载着地方特色和传统文化的传承与展示的任务。随着商业化的加剧，文化旅游所带来的益处和挑战也日益显现。从经济角度看，许多国家和地区通过开发和推广地方文化资源成功地吸引了大量游客，推动了当地经济的繁荣。这种发展不仅创造了就业机会，提升了服务业水平，还促进了相关基础设施的建设和改善，传统工艺品的生产和销售、民俗活动的举办以及地方特色美食的推广，都成为吸引游客的重要因素。随着游客数量的增加和商业化的加深，一些学者开始担忧文化景观的原真性可能会受到损害，因为在商业化的推动下，某些地方的传统表演艺术可能因过度商业化而丧失其原本的意义和精神内涵；同时，手工艺品的大规模生产可能导致质量下降和产品趋于标准化。

全球化的影响也不能忽视，随着世界各地文化的交流和融合，一些地方特有的文化形式和习俗面临被边缘化的风险。尤其是在年轻一代对传统文化兴趣减少的背景下，文化的传承和保护面临更大的挑战。正是旅游业的发展，使得社区和政府开始意识到保护本地文化的紧迫性，促使他们采取了一系列措施来鼓励传统技艺的传承和当地习俗的保护。

有趣的是，一些学者也提出了商业化对文化景观保护的积极影响。商业化不仅提升了传统文化的曝光度和认知度，也为文化传统的传承提供了经济支持和动力。融入传统文化元素的旅游产品能增强居民对文化遗产的认同和自豪感。在文化旅游发展中找到商业化与文化保护之间的平衡点，是全球旅游业当前面临的重要课题之一。保持文化景观的原真性，同时利用商业化的力量促进文化的传承和发展，需要社区、政府和旅游业者共同努力。只有在确保经济利益与文化保护相辅相成的基础上，文化旅游才能真正实现可持续发展，为社区和游客带来共赢的局面。

在当今社会，随着全球化的不断推进，地方传统文化面临着前所未有的挑战和机遇。一方面，过度的商业化可能会对传统文化的原真性造成损害；另一方面，适度的商业化又能够促进文化的传播和发展。

商业化并非传统文化的敌人，而是一种可以促进文化发展的机制。正如国外学者 Cook（1988）所指出，商业化对传统文化原真性的破坏并非必然，而是需要通过细致的实证检验来确定。商业化可以为传统文化提供新的传播渠道，使其更加适应现代社会的需求。商业化的边界并非一成不变，而是需要根据具体的文化资源类型和市场需求来确定。这要求我们通过实证研究，提炼出适合不同文化特点的商业化规则，某些非物质文化遗产可能更适合通过教育和展示来传播，而某些物质文化遗产则可以通过商品的形式进行推广。

原真性并非一个静态的概念，而是一个动态的、建构的过程。"相关人员"通过研究伯利兹西部的前玛雅村，指出文化的商品化可以成为通往古代文化传统的新渠道。在这个过程中，原真性成为供给商和旅游者共同构建的过程，需要通过谈判和设计来实现。商业化的过程中，专家学者、营销人员、开发商、政府部门以及服务人员等多方参与者需要协商，设计出既具有商业价值又能够体现文化原真性的产品，这些产品不仅要吸引游客，更要让他们在消费过程中获得深刻的文化体验。

商业化不仅是为了取得经济利益，更是为了提供一种原真性的体验，这种体验需要通过精心设计的文化商品来实现，这些商品不仅要具有吸引力，更要能够反映出文化的本质和特色。在全球化的大背景下，地方传统文化的保护和传承是一个复杂而微妙的议题。商业化既是一种挑战，也是一种机遇。

五、动态保护，不断完善和创新

随着时代的变迁，古镇景观的保护和更新面临众多挑战。人们亟须找到一种方法，在维护古镇原有风貌的同时满足现代人的需求。古镇景观保护并非一成不变的过程，而是一个动态的、不断发展的过程。随着社会的进步和人们需求的变化，古镇景观的保护策略也需要不断地调整和完善。

随着人们生活水平的提高和文化需求的多样化，古镇景观保护不仅要传承历史文化，还要提供丰富的文化体验和服务。现代科技，如数字化和虚拟现实技术，为古镇景观的记录、保护和体验提供了新的可能性。例如数字化技术可以帮助人们更准确地记录和保护古镇景观的建筑和文化，虚拟现实技术则可以让人们以更直观的方式体验古镇景观的历史和文化。

政府在古镇景观保护方面的政策也在不断地调整和完善，以适应社会和经济的发展需求。

第四节　古镇景观设计的挑战与机遇

一、古镇景观设计的挑战

古镇作为历史的沉淀和文化的载体，其景观设计不仅仅是一项艺术创作，更是一项复杂的工程挑战。它要求设计师不仅要尊重历史、保护文化，还要在满足现代人的审美需求和功能需求的同时更好地保护和发展好古镇。

（一）尊重历史与文化的挑战

古镇作为中国文化的珍贵遗产，不仅是历史的见证，更是文化传承的载体。其景观设计面临着独特的挑战——如何在保护和传承历史文化遗产的同时注入现代创新和功能需求，以适应当代社会的发展和人们对生活质量的追求。

古镇中的历史建筑是无法复制的宝贵资源，每一座老街古巷、每一栋古老建筑都承载着丰富的历史信息和文化内涵。保护这些建筑的原有风貌，不仅是对过去的尊重，也是对未来的责任。在修复和改造过程中，技术难题显而易见，如何在不破坏其独特历史韵味的前提下进行必要的结构加固、防水防火等现代化改造，是设计者们面临的重要考量。

古镇的文化元素包括街道布局、建筑风格、装饰艺术等，都是设计中不可或缺的重要部分。街道的曲折布局常常反映了当地的历史演变和人文特征，建筑的木质结构、砖石雕刻、传统屋檐等细节更是文化传承的象征。在现代景观设计中，如何巧妙地融合这些传统元素，让古镇焕发新的生机和活力，成为设计师们的一大挑战。

创新不意味着对传统的否定,而是在尊重和保护传统文化的基础上进行发展和变革。例如,可以通过合理利用空间、采用环保材料、引入现代化设施等方式,提升古镇的功能性和宜居性,同时保留和弘扬其独特的文化魅力。

（二）满足现代功能需求的挑战

随着社会的快速发展,古镇作为中国文化的宝贵遗产正面临着新的挑战和机遇。传统的古镇不仅是历史的见证,更是文化传承的重要节点,随着现代化需求的增加,古镇也需要进行相应的更新和改造,以适应现代人的生活、工作和娱乐需求。古镇需要提供足够的公共空间,以满足居民和游客的休闲、集会等多样化需求。在保持传统风貌的同时增设公园、广场和文化活动场所等,可以有效丰富古镇的社会功能,提升居民和游客的生活质量。这些公共空间不仅可以作为人们交流互动的场所,也有助于促进文化艺术的传播和交流。

古镇的交通组织是一个亟待解决的问题,由于古镇往往拥有狭窄曲折的道路,传统的交通模式已经无法满足现代社会的通行需求。如何在保护古镇原有格局的基础上合理规划交通,提高通行效率,是当前景观设计和规划的重要课题之一。在实施这些改造和更新过程中,设计者必须综合考虑古镇的历史文化、现代功能需求以及可持续发展的理念。只有通过科学规划和有效管理,古镇才能在保护传统的同时实现现代化的融合与发展,成为一个既有文化底蕴又具现代便利的宜居之地。

（三）技术实现的挑战

数字媒体艺术是当代艺术的重要表现形式,融合了先进的硬件技术和软件技术,在古镇旅游景观的设计中是不可缺少的。如何在数字媒体艺术的应用中找到平衡点,既能够使艺术创意和视觉效果突出,又能够控制好成本并有效管理设备的维护和更新,是需要精心思考和规划的。这不仅涉及技术和艺术的结合,还需要考虑到长期运营和可持续发展的方方面面。应当认真权衡数字媒体艺术与生态环境保护之间的关系,在追求艺术创新和视觉冲击力的同时最大限度地减少对环境的负面影响。这就需要采用更节能的设备、优化能源利用方式,甚至在项目规划阶段就考虑到对生态环境的保护和恢复措施。数字媒体艺术在古镇景观设计中的应用不仅仅是技术和艺术的结合，更是一种对于可持续发展和环境责任的思考与实践。通过科学合理的设计和有效的管理，可以实现艺术效果与生态保护的良好平衡，为公众带来美学享受的同时也能保护和维护好人们宝贵的自然环境。

二、古镇景观设计的机遇

（一）现代元素的融合与创新

在现代社会中，古镇的保护与发展面临着一种微妙的挑战：如何在引入现代化科技服务的同时保持其独特的传统风貌和文化魅力，关键在于利用科技的手段和呈现方式，确保与古镇的传统风格有机融合。现代科技服务并非与古镇格格不入，关键在于选择适合的科技元素并恰如其分地整合到古镇环境中。例如，WiFi 网络等基础设施可以通过地下埋设线路来实现，几乎不影响古镇的外观。而对于一些外观较为显眼的科技设施，如路灯照明系统、语音播放系统和垃圾回收系统，则需要在设计上下功夫，确保其外观与古镇的传统风貌相协调。现今的设计趋向于通过特定的形状、色彩和材料选择，使得这些现代设施看起来更加传统化，有效解决了古镇风格与现代科技设施融合的问题。一些设计出色的路灯和垃圾箱，不仅能够充分满足现代功能需求，同时在视觉上也能为古镇增添亮点，引人注目。对于较为显眼的现代科技设施，如电子屏幕，使用时需要仔细论证其尺寸、外观、位置和显示内容，确保与古镇环境和谐共存。

在现代科技服务的引入过程中，关键在于在技术与传统之间找到平衡点。科技的应用不仅能够提升古镇的生活质量和服务水平，还能为游客提供更便利的体验。通过合理的设计和精心的规划，古镇可以在保护其独特历史文化的同时实现与时俱进，迎接现代化的挑战和机遇。

（二）基础设施的保护与再生

在古镇的基础设施建设方面，随着社会的不断发展和居民生活水平的提高，确保各类基础设施的完备性显得尤为重要，自来水、电力、天然气、通信网络以及防火系统等基础设施的健全，直接影响着居民的生活质量和安全感。在确保传统古镇风貌的同时适时引入现代化的防盗系统、物联网技术等新型基础设施，不仅能有效提升居民的生活便利性，还能更好地满足游客的需求。

古镇作为历史文化遗产的代表，其建筑风格和整体环境被视为宝贵的文化遗产，在进行基础设施建设时，必须在技术先进性和文化传承之间取得平衡。一方面，保留和修复古镇原有的建筑风貌和文化特色是首要任务，任何新建设施和设备都应当与古镇整体风格相协调；另一方面，为了提升居民和游客的生活质量，现代化的防火、救生等安全设施则应明确可见，确保在紧急情况下能够及时有效地保障人员安全，针对环境保护和公共卫生问题，古镇基础设施建设也需要加强污水处理、河道治理等方面的工作。通过规范化的下水道排水系统治理和河道污染防治措施，保护古镇的环境资源，不仅有助于改善居民的生活质量，也能提升游客的游览体验。

在古镇的开发过程中，环境整治和镇容治理是至关重要的环节，现代游客不再追求所谓的“杂乱脏乱”的原真古镇，而更倾向于舒适宜人的体验，居民也期望生活在一个整洁有序的环境中。从卫生的角度出发，有必要对古镇进行深度改革，摒弃不卫生的设施和陈旧的生活习惯，推广文明卫生的生活方式。古镇应该审视历史遗留下来的不卫生死角和混乱设施，进行必要的整治和翻新。这包括清理河道和周边环境，消除隐患和污染源，确保游客和居民都能享受到清新的自然环境。

对于那些已经严重影响古镇形象的不良设施，可以考虑进行拆除或者重建。通过这些措施，不仅能够改善古镇的居住环境，还能提升其吸引力和可持续发展能力。在保持原有文化魅力的同时使环境更加整洁，有助于增强古镇的宜居性和宜游性。这些环境改善举措并不会削弱游客和居民对古镇原真性的感知和评价，相反，通过提升卫生和整体环境质量，古镇能够更好地展示其深厚的历史文化底蕴，吸引更多游客以及提高居民的生活质量和满意度。总之，古镇在开发中的环境整治和镇容治理，不仅是必不可少的步骤，更是促进其长期繁荣和可持续发展的重要举措。

（三）居民文化自信意识增长

保护古镇文化原真性的同时，东道主居民的自我发展是他们不可被剥夺的基本权利之一，这一观点强调了居民在提升个人文化水平、加强子女教育方面的积极作用，并且明确指出这并不与古镇文化的原汁原味相矛盾。鼓励居民积极学习普通话甚至外语，不仅有助于他们拓宽视野、融入更广泛的社会交往，还能增强他们对现代化知识和时尚潮流的了解。古镇作为文化传承的代表，其独特的历史和传统文化一直是吸引游客和保护本地居民身份认同的重要元素，随着社会发展和全球化进程的不断推进，居民们也需要面对新的挑战和机遇。为了更好地适应现代社会的要求，提升自身的文化修养显得尤为重要。通过了解外部世界的多样性和现代化知识，居民们能够更好地在保持本土文化独特性的同时迎接新时代的挑战。

第二章　古镇景观设计的理论基础

本章深入探讨了古镇景观设计的理论基础和实践策略，涵盖了历史文化渊源、美学原理、生态设计理念以及可持续发展等多方面内容。首先强调了古镇作为文化遗产的重要性，并基于此分析了古镇的物质和文化本底构成。在确立了文化遗产价值的基础上，进一步探讨了古镇景观设计中的美学要素，包括形式美、气韵美和意境美。此外，特别强调了生态设计在古镇保护中的核心作用，并提出了一系列保护自然生态系统和促进可持续发展的具体措施。最后，探讨了可持续发展在古镇景观设计中的应用，旨在实现文化传承和生态环境保护的和谐统一。

第一节　古镇景观的历史文化渊源

作为文化遗产的重要承载体,古镇的独特文化本底是文明与自然环境长期互动的结果,其物质和文化本底共同塑造了古镇丰富独特的文化景观和历史价值。物质本底是历史古镇文化的实际载体和基础。它包括丰富的自然资源如山水景观以及古镇独特的布局、街巷肌理和建筑物风貌等。古镇的山水环境和整体格局常常与周围自然地理环境相辅相成,从而形成了独特的地域特征和生态格局。建筑的风格和结构是历史与技艺的体现,承载着居民生活习俗和历史记忆。文化本底则是历史积淀中形成的价值观念、生产方式、文化传统、知识体系、传统产业、方言、艺术表达形式和民俗文化等。这些文化元素不仅反映了古镇居民的精神追求和生活方式,也与地方的自然环境和社会历史息息相关,相互影响、相互交融,共同塑造了古镇独特而鲜明的文化面貌。

文化本底作为历史古镇发展的主导因素,直接影响着古镇的经济、社会和文化发展路径,它不仅为游客提供了探索和体验历史文化的场所,也为当地居民提供了生活依托。在当今快速城市化和全球化的背景下,保护和传承古镇的文化本底显得尤为重要。只有通过科学的保护与利用,才能实现文化遗产的可持续发展,让古镇的独特魅力和历史价值得以长久保存,为后人留下丰富而珍贵的文化遗产。

一、古镇的历史选址与布局

古代中国的村镇与古村落选址,不仅关乎建筑物的安排,更是一门关乎命运的艺术。古人深信村镇的位置布局决定家族兴衰荣辱的命运,因此在选择建设之地时极为重视风水的影响。风水学家被邀请来评估地形的开阔性和平坦度。理想的村镇基地应位于开阔地带,预留发展空间,并被群山环绕,既提供天然屏障,又促进地气聚集。特别是在江南和中南部的水乡地区，村镇通常建在河流的北岸，以获得充足的阳光照射和良好的通风。建筑沿河而建，配备便利的码头设施，便于水路交通。

在东南和西南山区，村镇多采用竖向布局，顺应地形蜿蜒上升，不仅充分利用了有限的平地，还营造出了丰富的层次感。而在北方地区，由于地形平整，村镇则选择整体布局严整开阔的地方。街道宽敞，建筑雄伟，展现出北方人民大气、豪迈的生活风貌。古代中国的村镇选址与布局体现了风水理论指导下的智慧，每一处村落的建设都反映了人们对自然环境的尊重与利用以及对未来命运的深刻思考和期许。这种古老而又智慧的传统，不仅留下了丰富多彩的历史遗产，也为今人探索、学习和传承提供了宝贵的文化财富。①

二、古镇的历史文化环境

作为中国独特的文化遗产，古镇不仅是历史的静谧见证，它还构成了一个复杂而丰富的文化系统，形成了其独特的发展模式。“山、水、林、田、湖、草”等自然要素，不仅是自然景观，更是文化传承的载体。随着时代的发展，人们对生态的新需求和新理念也在不断提升，保护生态环境已经成为古镇发展的重要课题。保护自然环境不仅是维护景观的美丽，更是要保护古镇独特历史文化氛围和生态平衡。社会环境对古镇的影响直接体现在社区治理、文化传承和公共服务等方面，影响着居民的生活方式和文化认同。通过有效的社会职能规划，可以更好地保护和传承古镇的历史文化，促进社会和谐与稳定。经济环境的变迁会对历史古镇的发展产生深远影响，经济环境的改变能够推动古镇产业结构的调整和更新，使其在市场竞争中保持活力和竞争力。古镇的可持续发展需要在保护传统产业的同时引入新的经济增长点，促进文化创意产业的蓬勃发展，实现经济效益与文化价值的双赢。文化环境是推动历史古镇持续演化和发展的核心动力，保护好生态环境、合理规划社会职能、促进经济发展，是实现古镇文化系统健康发展的重要保障。只有在生态、社会、经济三个方面的良好互动和平衡下，历史古镇才能在现代化进程中焕发出独特的魅力，成为文化传承和可持续发展的典范。

---

① 李和平，严爱琼. 论山地传统聚居环境的特色与保护——以重庆磁器口传统街区为例 [J]. 城市规划，2000（8）：55-58.

第二节　古镇景观设计的美学原理

一、美学和古镇景观设计的关系

在现代园林景观设计中，赋予园林独特美感是设计师追求的目标。古镇景观设计与传统美学息息相关，融合了中国古典园林的设计理念，强调山、水、树、石、建筑和艺术的和谐融合，旨在营造人与自然和谐共生的理想环境。中国古典园林设计强调“师法自然”，追求自然山水的天然之美，这一理念源自先秦，儒家的“仁者乐山，智者乐水”视园林为君子美德象征，体现了人与自然的和谐。

传统园林美学在现代景观设计中依然具有重要的精神功能，在古镇景观设计中应当深入挖掘中国传统文化和美学的精髓，将其融入现代设计中，以新的形式和手法展现。这不仅仅是对过去的致敬，更是在当代背景下重新审视和演绎传统美学的可能性。在现代园林景观的设计过程中，应当注重元素之间的有机结合和整体布局的和谐统一，山水、树石、建筑等元素的选择和搭配，不仅要考虑美学效果，还要考虑功能性和实用性。通过精心设计和布局，可以创造出既具有中国传统文化特色又符合现代人们审美需求的园林景观。

二、传统美学在古镇景观设计中的体现

（一）形式之美

在远古时期，人类与自然息息相关，不仅依赖自然环境生存，还将自然视为神圣和神秘的象征，因此自然成为他们的崇拜对象。这种崇拜不仅体现在宗教仪式和生活方式中，也深刻影响了艺术创作，尤其是在早期的美术作品中，如陶器和玉器。这些作品以动物造型为主，通过精湛

的手工艺展现出自然界生灵的神秘和力量。古代艺术的造型追求对称与均衡，线条注重变化与统一、节奏与韵律，这些都是形式美的基本法则，这些法则不仅体现在艺术作品中，也深刻影响了园林景观设计。在古镇景观设计中，设计者依循形式美的法则精心布置空间，利用自然地形地貌巧妙安排景观小品、水体和植物，以营造出富有美感和和谐感的中国园林空间（图 2-1、图 2-2）。

图 2-1　丽江古城

图 2-2　江西婺源篁岭

形式美在景观设计中具有多重体现，从整体布局到每一个细节都需遵循对称与均衡（图 2–3）等法则。园路和场地的精确规划、水景与植物的精心搭配（图 2–4）以及建筑小品与生活设施的巧妙融合（图 2–5），都是设计者们努力创造美感和宜人氛围的表现，形式美不仅是一种审美理念，更是园林景观设计的灵魂和核心。

图 2–3　贵州贵阳青岩古镇

图 2–4　绍兴沈园

图 2-5　宏村徽派建筑

（二）气韵之美

魏晋南北朝时期，中国古代艺术进入了一个充满动荡与创新的时代。尽管中原地区频繁受到北方游牧民族的侵扰与占领，社会局势动荡不安，但正是在这种动荡中，艺术迎来了蓬勃的发展。南朝时期梁代昭明太子萧统编纂的《昭明文选》提出了“事出于沉思、义归乎翰藻”的文学评价标准，为当时文学创作奠定了理论基础。这种思想的影响不仅仅局限于文学领域，在绘画艺术中也有了深远的影响。

南朝齐梁时期，画家兼绘画理论家谢赫在其著作《古画品录》中首次系统提出了“谢赫六法”，即气韵生动、骨法用笔、应物象形、随类赋彩、经营位置、传移摹写。这六法不仅成为后世绘画评价的标准，也体现了当时艺术审美的集中表达，推动了绘画艺术的理论化和规范化发展。同时期的园林艺术也在绘画理论的指导下得以繁荣。明代的《园冶》作为最早的造园理论著作，深受谢赫六法的影响，强调园林营造中的气韵生动。园林设计师通过自身的审美追求和对自然环境的感受，将绘画的理念融入到了园林的空间布局、建筑小品、水景和植被搭配中，创造出具有艺术美的园林景观，使其成为“气”的艺术表达场所。在中国传统文化中，“气”被视作万物的起源，具有重要的形而上意义。园林中的漏窗和月门设计，通过虚实结合的方式可以创造出忽隐忽现的景观效果，体现了“气韵生动”的审美理念。例如苏州的拙政园（图 2-6、图 2-7）就巧妙运用漏窗，创造出变幻美感，与自然景观相映，展现出超越自然的艺术氛围。通过留白设计、错落布置和层次景观，激发了人们的想象力和思考空间，进而营造出艺术化的精神气场。

图 2-6　拙政园（1）

图 2-7　拙政园（2）

中国传统气韵之美，在于自然与人文的和谐共生。古镇中，古建筑群错落有致，与周围的山水环境相互映衬，形成了一幅幅动人的画卷（图 2-8）。飞檐翘角、雕梁画栋，细节处透露出匠人的巧思与对美的追求。古镇居民生活方式、民俗风情、节庆活动赋予建筑灵魂，使其成为文化传承与延续。古镇景观如同中国古代艺术发展的缩影，它们都是历史与文化的活化石，传承着魏晋南北朝时期艺术的创新的精神。在古镇中漫步，不难发现园林艺术的影子，园林不仅是植物的栽培与布局，更是艺术家们对自然的诗意表达。古镇的庭院布局、小桥流水、青瓦白墙，无不彰显出谢赫六法所倡导的“应物象形”“经营位置”的理念。这些元素不仅使园林成为一种自然与人文和谐共生的象征，也成了居民生活的一部分，传承着代代相传的文化价值观。

图 2-8　浙江西塘

（三）意境之美

意境在中国传统艺术中起着极为重要的作用，它超越了物质世界的束缚，进入了思想与精神的领域。艺术家们通过笔墨、布局等手段，创造出一个个虚拟而又真实的世界，使观者在其中得以自由地驰骋想象，追求内心深处的平静与领悟。中国传统艺术的意境之美，不仅体现在艺术作品的形式美和技术上的精湛，更体现在其深刻的情感表达和精神层面的抒发上。它是中国文化独特的精髓，通过对自然、人生、情感的审美诠释，为人们提供了一种超越日常生活的精神追求和满足。中国传统艺术以其独特的意境观念，构筑了一座精神的桥梁，连接着艺术作品与观者的内心世界（图 2-9）。

图 2-9　周庄古镇

古镇的街道布局往往依循自然，曲折蜿蜒，如同文人画中流畅的线条，既遵循了实用的原则，又蕴含了深远的寓意。石板路两旁，古朴的民居错落有致，白墙黛瓦间透露出岁月的痕迹，每一砖一瓦都似乎在诉说着往昔的故事，让人不由自主地放慢脚步，沉浸在这份宁静与古朴之中。这种布局与文人画中的留白手法异曲同工，通过空间的巧妙安排，引导观者的视线与思绪，达到"此时无声胜有声"的意境效果。

古镇中的水系更是意境营造的精髓所在，小桥流水，垂柳依依，仿佛一幅幅流动的文人画，将江南水乡的柔美与灵动展现得淋漓尽致。水面上常常倒映着古建筑的影子，随着波纹轻轻摇曳，虚实相生，从而营造出一种梦幻般的氛围。这种意境的营造，不仅能让人感受到自然之美，更能激发人们对生命、对时间的深刻思考。正如文人画中的墨色浓淡、笔墨疏密，古镇水系的变化也寓意着人生的起伏与流转，让人在欣赏美景的同时也能品味到生活的哲理。

古镇中的园林小品也是意境之美的重要体现，无论是亭台楼阁、假山池沼，还是碑刻石刻、花木扶疏，都经过精心设计与布置，旨在营造出一种超然物外的情境。这些园林小品不仅具有观赏价值，更是艺术家们情感与思想的寄托，游人漫步其间，仿佛穿越时空与古人对话，能够感受那份跨越千年的文化共鸣。

（四）自然之美

道法自然作为道教的核心思想之一，深刻影响了中国传统园林的美学理念，道家强调自然之美，倡导朴素自然和“大巧若拙”的美学原则，反对过度的人工雕饰。尽管园林是人工造景，但其最高境界在于“虽由人作，宛自天开”，即使通过人力创造，也应与自然融为一体，体现出自然本真的姿态。

宋代是中国园林艺术发展的黄金时期，也是极简美学在园林设计中得到充分实践和广泛推广的时代，宋代园林不求规模之大，而是追求返璞归真、婉约自然、精巧雅致。园林中的草木种植、建筑小品等景观设计，皆以简约、质朴的形态展现，强调内敛的颜色和温润雅致的装饰，体现了宋代美学对朴素自然之“雅”的推崇，最具代表性的皇家园林艮岳，以其独特的山水画创作理论和景观组织方法，颠覆了以往宫苑园林的“一池三山”规范。艮岳园林在布局上顺应自然地布置一切，灵巧地融合自然风光，使山水、建筑、植被相辅相成，融入了诗情画意的意境。园林中的每一个细节都以自由奔放的方式，表达了人们对美的探索和对世界的思考，展示了道法自然在造园艺术中的深远影响和独特魅力，宋代园林不仅是园艺技术的展示，更是文化精神的抒发。它通过简约、自然的设计风格，引领人们走进一种宁静美好、朴实无华的艺术境界，深刻影响和启发着后世园林艺术的发展轨迹。道法自然，成为中国传统园林中永恒的美学理念和文化遗产。

在古镇的街巷中，建筑风格通常体现出极简、朴素的设计特色，古老的青砖灰瓦，木质结构和小巧精致的雕刻，都展现了古代建筑艺术的精湛工艺和对自然材料的珍视。这些建筑物并非简单的结构，而是通过精心布局和细腻的装饰，将人工之美与自然景观融为一体。

类似于宋代园林的理念，古镇的规划和布局也强调自然的渗透和生活的亲近感。街道弯曲有致，仿佛追求着自然地形的轨迹，而不是僵化的直线。石板路、小桥流水、青石板巷道都体现了对自然地貌的尊重和模仿，使人们在古镇漫步时仿佛置身于一幅大自然的画卷中。古镇中的每一处景观细节都透露着文化和历史的深厚底蕴。例如，古镇中的亭台楼阁、古代商铺和传统的庭院设计，不追求华丽和浮夸，而是通过简约、自然的风格让人们感受到岁月静好和生活的深刻内涵。

（五）和谐之美

中国传统文化深刻体现了人与自然和谐共生的理念，这一观念不仅贯穿于哲学思想中，也深刻影响了艺术与建筑的发展，自古以来，儒家与道家的美学思想在塑造中国传统美学中起着重要作用。儒家的中庸之道强调的是“不偏不倚”，这一原则在古镇景观设计中得到了充分体现。设计师通过精心布局，将文化、技术和自然因素融合于一体，创造出既有实用性又有美感的空间。这种平衡的追求不仅仅是对景观设计的要求，更是对人与自然关系的理解和尊重。

道家则更强调自然规律与人类活动的和谐统一，老子的“道生一，一生二，二生三，三生万物”理念，表达了宇宙万物相生相克的道理。在古镇景观设计中，设计师通常会以周围的山川湖泊为背景，结合当地独特的地貌和气候条件，精心布局园林与建筑，使得人类的居住环境与自然环境和谐共生（图 2-10）。在实际设计中，这种和谐之美不仅体现在视觉上，更体现在功能与环境的完美结合。在古镇的规划中，考虑到当地的气候条件，常常利用自然的阴阳调和，设计出适合人类居住与生活的建筑样式和布局。这种细致入微的设计，不仅展现了设计师的智慧，更体现了人类与自然和谐相处的理念。总之，中国传统文化中的儒家与道家美学思想，为人类在自然环境中的生存与发展提供了宝贵的借鉴。通过尊重自然、理解自然、与自然和谐相处，人们能够创造出更加美好与持久的人类居住环境，同时也保护和传承着这些珍贵的文化遗产。[①]

三、融合传统美学的现代古镇景观设计的创新与实践

（一）对古镇景观设计创作思维的启示

当代古镇景观设计不仅仅是建筑与自然的结合，更是一种融合传统与现代、历史与现实的艺术创作过程，这一过程始于深入的实地调查和深思熟虑，灵感的涌现是设计的灵魂。设计师需要在思考的过程中，通

① 徐恒醇．生态美学 [M]．西安：陕西人民出版社，2000：36-38.

过对自然与人文的综合理解，找到最能体现当地特色和当地文化内涵的设计方案。灵感是设计的基础，源于设计师对事物深刻认知和跳跃思维。这种创造性思维不仅在于融合现有文化、技术和艺术，更在于敏锐感知和理解自然生态系统与社会文化。在进行实地调查时，最主要的任务是深入了解和尊重自然环境原生状态，因地制宜，将设计与自然融合。

图 2-10　江苏太仓沙溪古镇

在实践中，设计师需始终秉持着“道法自然”的原则，这不仅意味着要在设计中尊重自然的规律和特征，还要结合地域文化的传承与演变，科学地进行规划与布局，以创造出真正符合当地特色和人们需求的园林景观。例如，设计师可以通过继承和发扬传统文化理念，在设计中融入当地的历史故事和民俗风情，赋予每个景观元素丰富的文化内涵和时代精神。设计师还需不断提升自身的人文底蕴和艺术修养，这不仅包括应对自然生态、当地文化进行深入探索，还需关注所设计的作品对社会的贡献和影响。只有通过多方面的思考与探索，设计师才能够在创作中体现出“天人合一”“和谐共生”的设计理念，为古镇景观的永续发展注入新的活力与灵感。

（二）对植物配置营造上的启示

在古镇设计中，要想营造“气韵生动”的独特魅力，植物的合理配置至关重要，这不仅仅是简单的植物摆放，而是一场对自然与文化的精妙融合,一种寻找生态与人文共生之美的艺术。设计师需要深入了解当地的文化背景,因为每一种植物都承载着独特的地方特色。它们不仅是一种植物,更是一种精神图腾,是古镇历史与人们情感的象征。在设计过程中,保护和尊重当地物种至关重要,每一种植物都有其生态功能和文化意义,它们起着稳定生态系统的作用。过度引入外来物种可能会破坏原有的生态平衡,导致当地特有植物的灭绝,进而影响整体生态结构的稳定,设计师必须谨慎选择植物种类,根据其自然属性和生长习性进行合理搭配和配置。

选择植物时,不仅应考虑其美学价值,也应重视其生长需求和特性,以创造富有意境和情感共鸣的景观。通过巧妙的植物组合和色彩搭配,设计师可以营造出富有生命力和艺术感的景色,让游客在其中感受到自然与人文的和谐统一。古镇设计中的植物配置不仅是景观的一部分,更是对文化传承和生态保护的一种体现。通过充分理解和尊重当地植物的意义和特性,设计师可以在保护生态环境的同时创造出令人心驰神往的旅游环境,为古镇增添独特的人文魅力和气息。

四、美学主导下古镇景观风貌的艺术塑造——以芙蓉镇为例

芙蓉镇(图 2-11、图 2-12)这座拥有两千年历史的古镇,昔日名为王村,位于酉水之畔,串联川黔,通达洞庭,自古以来即永顺通商的重要口岸,享有“楚蜀通津”之誉。基于其独特的地理位置和深厚的历史底蕴,芙蓉镇不仅以其山环水绕、依山就势的自然风光著称,更因其丰富的文化内涵和深厚的美学积淀而闻名于世。古镇的建制布局、整体风貌和空间形态,深受自然环境的影响,山水环抱之中,历史文化与自然景观相互融合,形成了独特的人文景观格局。美学文化在这里不仅主导着人们的日常生活,更是塑造了乡村的物质空间和精神面貌。如何基于美学文化的主导,从乡村风貌艺术的各个层面入手来进一步提升芙蓉镇的形象和生活品质,成为当地规划和建设的重要课题。①

① 王周旋,鹿晏冰.美学视野下的芙蓉镇景观特色塑造及保护 [J]. 艺术设计,2018(1):43.

图 2-11　芙蓉镇夜景

图 2-12　芙蓉镇

（一）古镇风貌核层面——点

走进芙蓉镇，首先映入眼帘的是古城入口的芙蓉苑广场。古镇的每个角落，每草每木，每砖每瓦，都讲述着芙蓉镇的兴衰，展现着独特魅力。广场中的溪州铜柱是显著的文化符号，是土家文化的直观体现。铜柱不仅是景观节点，也是连接过去与现在的桥梁，每根铜柱都承载着丰富的文化积淀和地方特色。

在古镇核心地块的艺术设计中，关键在于深入挖掘地域文化特色，并将其抽象化运用于乡村空间。雕塑、广场等艺术元素的加入，美化了乡村，使得芙蓉镇（图 2-13、图 2-14、图 2-15）的每一个角落都充满了地域特色和文化魅力。芙蓉镇不仅是一个古老的乡村，更是一个充满生机和文化底蕴的现代生活场所。它以其深厚的历史积淀和独特的地域文化特色，吸引着世界各地的游客前来探寻，体验这段承载着岁月痕迹的历史长河，感受那份朴实而深刻的生活方式。

图 2-13　芙蓉镇河流

图 2-14　芙蓉镇俯视图

图 2-15　芙蓉镇瀑布

（二）古镇风貌带层面——线

以“线”为基础，乡村的道路、河流、园林等线性元素，不仅连接了乡村的各个角落，也勾勒出乡村的整体轮廓和景观线条。芙蓉镇在进行设计时不仅考虑了交通的便利性，更强调了文化传承和自然生态的保护，使得每一条街道都成为历史和现代交融的见证者。

建筑设计与乡村规划中，沿山吊脚楼以其独特的建筑风貌和环境适应性，成为一种引人注目的文化遗产和现代乡村景观的重要组成部分。沿山吊脚楼（图 2-16）利用错层、退层等技巧建造，不仅在视觉上展现出错落有致的美感，还巧妙地融入了山崖地形，节约了宝贵的土地资源。这种建筑形式不仅令人印象深刻，而且承载了丰富的历史文化积淀。成群的吊脚楼不仅是建筑形态的延续与有序发展，更加强了空间的视觉导向性，保留和传承了古老风貌文化的独特魅力。

图 2-16　郎德苗寨

沿山吊脚楼展示了如何通过建筑特色和地域文化的统一性来丰富和保护乡村的面貌，它们不仅令人眼前一亮，还在乡村环境空间中营造出了与自然和谐共生的美学氛围。通过控制街道布局、开放空间的设计等，可以有效地保护和传承这些宝贵的文化遗产，使其成为乡村发展中不可或缺的一部分。沿山吊脚楼的建筑艺术不仅在视觉上呈现出独特的山崖风景，更在文化与历史的传承中扮演了重要角色。它们的存在不仅令人心驰神往，也为乡村的发展增添了独特的魅力。

（三）古镇整体空间层面——面

一个成功的古镇风貌不仅在视觉上呈现出和谐统一的风貌与风格，更重要的是能够保护和传承历史街区的肌理，提升乡村空间的可读性和美感秩序，使人们能够轻易感知和体验其独特的文化魅力。古镇的夜晚景观尤为引人注目，山崖酒吧在自然山水的映衬下形成强烈的对比，不仅为人们带来了艺术享受，也赋予了空间深刻的感官体验。要在古镇风貌的美学原则中保持统一性，这并不意味着陷入单调或呆板的设计模式。相反，统一性应该体现在对整体空间的协调上，让古镇在保持独特性的同时展现出丰富多彩的文化面貌。

在乡村空间的特色塑造过程中，不能将古镇的改造分散进行，而是应始终把古镇视作一个有机的整体，这意味着规划者和设计师需要在保护传统建筑风貌的基础上，通过合理的乡村更新与改造，促进古镇的持续发展和现代化进程。可以通过保留原有建筑风貌、提升公共空间品质、合理引入现代化设施等手段，既满足居民生活需求，又不失古镇独特的历史韵味和文化氛围。古镇整体空间的塑造不仅仅是建筑和景观设计的问题，更是文化传承和乡村发展的综合体现，只有在综合考量历史、文化、自然环境和现代化需求的基础上才能实现古镇风貌的有机统一，为人们创造一个宜居、宜游、宜业的乡村空间。

（四）古镇单体建筑层面——体

在古镇建筑的单体层面上，色彩和形态的选择至关重要，它们不仅反映了地域文化的特征，也在视觉上与周围环境和山势相协调，形成独特的建筑风貌。古镇建筑通常以黑、白、灰为主色调，这种简洁而典雅的色彩搭配，不仅展现了历史悠久的文化积淀，也在建筑造型上体现出独特性和美感。吊脚楼作为古镇建筑的代表之一，其从依山而建的布局到多样化的空间形态，都体现了中国传统的自然观和风水观，同时符合土家族注重实用性和质朴审美的民族特性。

每个历史阶段都会对古镇建筑风貌产生不同的影响，并注入新的文化元素。在建筑设计中，提取和运用具有地域特色的符号至关重要，这些符号不仅赋予建筑统一的功能与意义，还能增强其文化内涵和地方特色。为了在现代社会中保持古镇建筑的独特魅力，可以采用现代材料与传统符号相结合的方法。这种创新的设计理念不仅能够保留传统元素，还能通过现代化的技术和材料赋予建筑新的功能。可以将传统的装饰图案或结构元素进行现代化的演绎和变形，创造出符合当代审美和功能需求的建筑特色，从而使古镇在不断变迁的时代中焕发新的生机与活力。古镇建筑的单体层面不仅是文化传承和景观的重要组成部分，更是保护和发展地方特色的重要途径。通过细致的设计和创新的理念，可以实现古镇建筑的功能美学与文化价值的完美统一，为人们提供一个宜居宜游的空间环境。

第三节 古镇景观的生态设计理念

在当今快速发展的背景下，古镇作为一种历史文化遗产和旅游资源，正受到越来越多人的关注和保护。在保护传统文化和建筑风貌的同时，如何进行生态设计，以实现可持续发展，成为古镇保护与发展的重要课题之一。古镇景观的生态设计应综合考量文化、经济和社会因素。通过生态设计，可以在保护传统文化的同时实现古镇的可持续发展，为后代留下更为宜居、宜游的历史遗产。只有在生态设计的引领下，古镇才能真正实现文化与自然的和谐共生。

作为历史文化的集中体现，古镇周边通常环境优美、资源丰富，但在城市化进程中，其生态环境遭受了冲击。生态设计的首要任务是保护和修复古镇周边的自然生态系统，包括湿地、水系、植被等。通过恢复湿地功能、植树造林、治理水质污染等措施，增强古镇周边生态系统的稳定性和抗干扰能力，保护当地的生物多样性。①

生态设计的成功实施依赖于社区居民的积极参与和支持，通过开展生态环境教育、举办环保活动、建立志愿者队伍等方式，增强当地居民的环保意识，借助社区力量，推广生态设计理念，促进古镇生态保护的深入开展。随着城市化进程的加速，古镇作为文化遗产的重要组成部分，其保护与开发越来越受到人们的关注。生态设计理念的引入，不仅有助于保护古镇的历史风貌，还能提升其环境质量，促进可持续发展。

在进行古镇景观设计时应长远考虑，确保资源的可持续利用，减少对环境的负面影响。倡导资源的循环利用，减少浪费，提高资源利用效率，保护和增加生物多样性，维护生态系统的稳定性。要保护古镇的历史文化遗产，避免过度商业化和现代化。每个古镇都有其独特的文化和自然环境，设计时应尊重并突出这些特色，并应尽量减少对原有环境的

---

① 张松．文化生态的区域性保护策略探讨：以徽州文化生态保护实验区为例 [J]. 同济大学学报(社会科学版)，2009，20 (3)：27-35+48.

负面影响,鼓励当地居民参与设计过程,采用环保材料和当地的传统的施工营建技艺,以增强他们的归属感和认同感。

生态设计不仅是一种设计理念,更是一种生活方式。通过尊重自然、保护历史、促进可持续发展,古镇景观的生态设计可以为人们提供更加和谐、健康、可持续的生活环境。

在古镇更新与生态设计理念结合的背景下,人们面临着一项挑战与机遇并存的使命:如何在继承传统与现代化发展之间取得平衡,在保护环境与促进经济之间找到共生点。传统上,古镇经常被视作旅游开发的热门地点,但随之而来的是对环境的破坏与生态系统的扰动。如今,借助生态设计的智慧,人们有机会将古镇更新的目标重新定义,将其视为一个复杂而完整的生态系统。

生态设计不仅仅是保护自然资源或简单的景观美化,而是一种综合性的策略,旨在尊重自然、保护历史文化遗产的基础上,通过最大限度地利用可再生资源和减少对环境的不利影响,实现城镇生态系统的可持续发展。在古镇更新过程中,人们不仅要维护其独特的历史和文化面貌,还要利用现代科技手段和生态学原理,将人工景观与自然生态有机结合,创造出既符合当代居住需求又能提供生态效益的新景观。

总之,生态设计理念的应用不仅为古镇更新注入了新的活力和方向,更为其可持续发展提供了坚实的基础。通过在更新过程中尊重自然、保护文化、促进社区参与,人们可以实现古镇作为一个整体生态系统的和谐发展,为未来的世代留下一个更加宜居、宜游、宜业的古镇新面貌。

第四节　古镇景观设计的可持续发展策略

一、可持续发展是当今社会发展的重要组成部分

(一)可持续发展的定义

可持续发展不仅是发展方式,也是对社会、经济和环境三者关系的

全面思考和调和。时至今日，人们面临着环境压力日益增大、资源消耗加剧的挑战，在这样的背景下，人们开始对古镇景观设计的质量评判标准进行重新定义，强调设计必须与社会实际需求和生态环境的保护相结合，如此才能真正发挥其改善生活环境质量的作用。

在进行古镇景观设计时，必须立足于可持续发展理念，这意味着设计不仅要迎合当代人的审美与功能需求，更要考虑到对自然资源的合理利用和对生态系统的保护。旨在通过科学的规划和创新的技术手段，打造出既具有文化传承又具备现代舒适性的空间环境。这样的设计不仅能提升居民的生活品质，还能为古镇带来经济发展和文化复兴的新动力。在设计过程中应尊重自然规律，尽可能减少对生态环境的干扰和破坏，只有这样古镇景观才能真正成为社会进步和环境保护的有机结合点，才能摆脱以牺牲环境为代价的传统经济发展模式的束缚。

（二）可持续发展的历史

在20世纪70年代的环境运动中，人类首次意识到保护和持续利用地球资源的重要性。联合国人类环境会议在同一时期召开，正式引入了可持续发展的理念，为未来的全球发展奠定了基础。真正标志性的里程碑出现在20世纪80年代末，即《布鲁特兰报告》的诞生。这份报告明确阐述了可持续发展的原则和内涵，强调了在满足当前需求和实现发展目标的同时不能牺牲后代的需求。

《布鲁特兰报告》将可持续发展的核心聚焦于环境、经济和社会的协调发展，呼吁人们在决策和行动中综合考虑这三个方面。这一理念在20世纪90年代初的里约地球峰会上得到了进一步的确立和深化。《21世纪议程》和《里约环境与发展宣言》的通过，正式明确了全球社区可持续发展的目标和准则。全球社区正式明确可持续发展的目标和准则，致力于解决全球性问题如贫困、生态系统保护以及生产消费模式的可持续性。自此以后全球各国政府、企业和民间组织积极响应，纷纷参与推动可持续发展的实施。各种全球性峰会和议题讨论不断细化和强化可持续发展的目标，旨在最迟在2030年将全球带入一个更加可持续的发展阶段。

二、关于古镇景观设计与可持续发展的相关研究与分析

在当代乡村规划和文化保护的背景下，古镇景观设计日益成为一门重要的研究方向和实践领域。古镇景观不仅是乡村文化遗产的重要组成部分，也是社会和经济发展的有力推动者。通过细致的规划和创新的设计，古镇景观能够实现文化、生态和社会经济三方面的可持续发展目标。作为文化传承的载体，古镇景观通过恰如其分的设计，能够突出地方特色和历史文化，为游客和居民提供愉悦的观赏体验。[①]

古镇景观设计需要注重生态保护与可持续利用，在环境资源有限的今天，设计师必须善于利用当地的自然资源，避免环境破坏和资源浪费。通过选择可再生材料和推广节能环保技术，可以有效减少对环境的负面影响，同时增加景区的可持续性和长期吸引力。

古镇景观的社会经济功能是设计的重要考量，应努力提高景区吸引力和完善设施能推动旅游业，创造就业，改善居民生活质量。必须注重保护环境、保护文化遗产，同时满足当代社会对生态环境和文化认同的需求。只有在综合考量下，古镇景观设计才能真正发挥作用，成为乡村发展的重要组成部分。它不仅是文化传承的重要途径，也是实现可持续发展的有效手段。随着社会发展和技术创新，古镇景观设计将继续在乡村建设和文化保护中发挥关键作用，为人们创造美好和谐的生活空间。

三、可持续发展理念在古镇景观设计中的应用价值

（一）可持续发展理念在古镇景观物质空间中的价值体现

当今社会，古镇不仅仅是历史的见证者，更是人们向往的旅游胜地。随着城市化进程的加快，古镇面临着保护与发展的双重压力，如何在保留原有自然环境和文化特色的基础上实现可持续发展，成为摆在设计者和管理者面前的重要课题。古镇景观物质空间的设计，不仅仅是简单的改造与建设，更是一种综合运用不同形式来平衡自然与人文因素的艺

① 董玥，孟梅林．对生态性环艺设计的分析和思考 [J]. 普洱学院学报，2017（5）：68-69.

术，它要求设计者在尊重地形地貌原状的前提下，通过科学的手段调节建筑和植被的布局，使其与自然环境融为一体。这种设计不仅有助于加深自然与人文要素之间的联系，还能够创造出富有生活情趣和舒适宜人的环境空间，满足人们日益增长的物质需求。

在景观设计的全过程中贯彻可持续发展的理念，意味着减少对自然资源的消耗，降低环境污染的风险，在设计初期就需要考虑生态保护与社会效益的平衡。通过合理的规划和管理，古镇景观物质空间不仅能有效改善生态环境，还能提升居民和游客的生活质量。

在实际操作中科学的设计理念不仅仅是追求外在的美观，更是要求在美与实用之间找到最佳的平衡点，利用当地的天然资源和传统建筑风格，结合现代的工程技术，创造出既能传承历史文化又符合人们现代生活需求的空间环境。这种方法不仅能够延续古镇的文化遗产，还能够吸引更多的游客和投资者，促进地方经济的发展。

（二）可持续发展理念在古镇景观文化空间中的价值体现

在现代社会，将可持续发展理念融入古镇景观文化空间设计过程显得尤为重要。这种设计不仅有助于保护、传承和发展当地的历史文化，还能形成兼具地方特色和生态价值的生态古镇景观，实现生态环境与可持续发展理念的深度融合。

古镇景观文化空间的核心在于其能够通过独特的设计和规划，将地区的文化元素融入自然和人造环境之中，这种融合不仅仅是为了美化环境，更是为了传递和弘扬地方文化的精髓。通过巧妙的古镇景观布局和艺术设计，古镇景观文化空间不仅能够成为地区文化的载体，还可以承担起教育、展示和社交的功能，深化当地居民对文化的认同感和自豪感。在可持续发展的视角下，古镇景观文化空间的设计应当兼顾延续性和多元性，这意味着设计师需要在保持地区传统文化特色的基础上灵活运用现代技术和理念，创造出既符合当代审美又具备长久耐用性的古镇景观，如结合地方的历史建筑风格与现代可再生能源技术，不仅能有效保护文化遗产，还能为地区经济注入新的活力。

古镇景观文化空间不仅是一种物理上的存在，更能为人们提供精神上的滋养，当地的居民能够通过与古镇景观空间的互动重新审视和理解自己的文化根源，在现代化进程中找到身份认同感和社会凝聚力。

四、推进可持续发展的古镇景观设计举措

（一）结合气候特点进行设计

在中国这片广袤的土地上，各地区的气候特征迥异，从风速到降水量，无不影响着当地的生活和古镇景观设计。为了更好地满足人们的居住和休闲需求，古镇景观设计人员需要深入研究和分析气候数据，并采用相应的设计手段。特别是在夏季高温的乡镇，通过增加水体和绿地的面积，可以有效地调节温度，为居民提供清凉宜人的休息场所。随着中西文化交流的日益频繁，古镇景观设计不再局限于单一的地域文化，而是需要考虑到多元化的社会文化背景。设计师不能仅仅追求个性化的古镇景观空间，而是要适度引入其他地域甚至国家的文化元素，通过文化融合展示古镇景观的包容性和丰富性。设计师可以以地方历史文化为核心，融合外部优秀文化，为传统民俗赋予新的意义，创造出既具地方特色又包括其他地区文化特色的古镇景观文化空间。在文化交融的策略中，古镇景观设计人员需要综合考虑当地居民的公共文化需求、新时代的发展趋势以及社会整体的价值理念和地方风俗特色，只有这样才能打造出真正富有文化特色的中式古镇景观空间。

（二）对现有资源进行合理设计

古镇景观设计的核心在于充分利用现有资源，这不仅仅是一种理念，更是实现可持续发展的关键。设计人员在规划和营造古镇景观时，必须深入分析项目所在地的自然条件、生态环境以及地方社区的实际需求。只有这样，才能确保设计方案不仅美观、实用，还能最大程度地保护和提升环境质量。

在进行古镇景观设计时应充分考虑场地的自然资源和地理条件。例如，结合场地的地形地貌和自然水系，可以设计出能够利用地形特点的景观元素，如利用湿地植被净化水质、改良土壤质量的植物等。这些措施不仅美化了环境，还有助于维护和增强生态系统的功能。古镇景观设计应遵循适地适景原则，即设计师需根据具体的地理、气候条件选

择合适的植被和材料。例如，在沿海地区可以使用贝壳作为装饰材料，这不仅符合当地特色，还能有效利用自然资源，减少新资源的开采和使用。另外，古镇景观设计还应考虑到人为因素的合理利用，这包括选择当地的自然材料和结合现有的道路网络、建筑风格进行设计。通过这种方式，不仅可以降低建设成本，还能增强景观的地方特色和人们的文化认同感。

基于环境评估和社区需求分析，古镇景观设计者应制订科学可行的设计方案。例如，结合当地的降水情况设计雨水收集系统，用于景观的灌溉和水体的补给，这么做不仅节约了水资源，还有利于降低碳排放，符合可持续发展的核心理念。发挥现有资源的最大价值是古镇景观设计的重中之重，通过精心规划和细致执行，可以创造出既能满足人们审美需求，又能保护生态环境的古镇景观，为古镇居民带来持久的经济、环境和文化效益。

（三）加强社会的参与感与环保意识

通过增强古镇景观的互动性，提升群众的参与感，可以增强生态系统的功能，这种理念不应仅仅停留在概念层面，更应在地方政府的积极推动下在实际中得到体现。生态廊道的引入成为重要的策略之一，这些廊道不仅被用来修复当地的生态环境，还被视作保护地区丰富生物多样性的有效手段。通过将分散的水体古镇景观和重要生态古镇景观连为一体，廊道不仅赋予了人造古镇景观更多的自然元素，还有效维护了生态物种的多样性，如河流、湿地等自然元素被巧妙地融入设计中，使得整个古镇景观更具生态价值和观赏性。

生态廊道的建成不仅仅明显改善了当地生态环境，同时也在旅游业方面起到了积极作用，吸引了广大外地游客前来参观，不仅增加了地方的旅游收入，也提升了当地生态保护意识。游客可以近距离观察自然，亲身感受人与自然和谐相处的重要性，从而更加支持和参与可持续发展的各项工作。这种古镇景观设计的成功实施，不仅在生态修复和旅游发展方面取得了双赢，更在全社会中推动了可持续发展理念的普及和实施。通过地方政府的积极支持和社区的广泛参与，这些生态廊道成为实现人与自然和谐相处的重要载体，为未来村镇发展和自然生态保护树立了典范。

第三章　古镇景观设计的构成要素

古镇作为承载着厚重历史文化的宝贵遗产，其景观设计工作远不止于物理空间的简单规划，更关乎对文化精髓、生态平衡及人文精神的深刻传承与生动再现。本章将深入探讨古镇景观设计的四大关键构成要素：建筑景观、水系景观、绿化景观以及公共设施景观，旨在通过科学合理的规划与设计，实现古镇的可持续发展。

第一节　古镇建筑景观的设计与保护

一、古镇建筑景观的内涵

古镇建筑景观是指古镇建筑群落与周围自然景观交织融合，在整体空间布局中所呈现的综合性空间结构。它不仅涵盖了古镇内的街巷网络、公共活动区域以及传统生产空间，还蕴含着古镇悠久的历史文化底蕴，以及代代相传的风俗民情。图 3-1 为镇江西津渡古镇的建筑，图 3-2 为丽江大研古镇建筑，图 3-3 为丽江白沙古镇建筑。

图 3-1　镇江西津渡古镇的建筑

图 3-2　丽江大研古镇的建筑

图 3-3　丽江白沙古镇的建筑

古镇建筑风貌更深层次地体现了特定地域的场所特性与文脉精神，是地域文化在自然环境长期作用下形成的具象化表达。人们应保护这些物态环境，并深入探索其优化策略与实施路径，将古镇建筑风貌与当代生活需求相融合，从而承继并发展古镇的历史文化。

二、关于古镇建筑景观的优化与保护

（一）古镇建筑景观保护与优化应遵循原则

1. 风貌原真性原则

在古镇建筑风貌的保护工作中，应坚守“以保护为基石，以适度修复为助力”的核心原则，切实增强居民的自主管理能力，激发他们的文化自觉性和保护意识，共同守护古镇那份珍贵的历史文化遗产。具体可以实施建筑分级保护机制，针对历史久远、价值突出的建筑加大修缮与维护力度，而相对较新的建筑则采取预防性维护策略，确保问题早发现、早解决。对于具有历史文物价值的建筑，应制定并执行严格的保护政策与措施，妥善协调历史建筑与现代建筑间的空间关系。

针对古镇内受损严重的建筑遗迹，若其已失去修复价值，应审慎评估后采取非干预性保护，避免无谓的修复行为；而对于受损较轻的建筑，则应采用科学合理的修复技术，力求在最小干预下恢复其原始风貌，这要求设计师深入研究并应用传统建筑材料与工艺，力求复原建筑的原始形态与风貌特征。

在保护古镇建筑风貌的同时，鼓励设计人员对建筑功能的合理改造与创新利用，以适应现代生活需求，促进古镇社区的可持续发展。通过这些举措，不仅能够提升居民的生活品质与居住环境，还能为古镇的长期发展注入新的活力，确保古镇空间形态与文化的永续传承。

2. 整体和谐性原则

古镇的整体风貌是其与自然景观、人文环境深度融合中形成的，自其形成之初便与周遭环境相互呼应，因此在古镇整体性保护策略的制定中需综合考量多元因素，包括但不限于地方风俗、文化特色等内容，争取综合各个方面，共同促进古镇整体风貌的优化。这意味着在保护古镇建筑景观布局、街巷结构、公共空间等有形遗产（图 3-4）的同时也需要深入考虑并结合古镇的民风民俗、居民生活习惯等无形元素，对关键性建筑与历史景观节点实施重点保护与创新设计，确保在尊重原始规划布局的基础上，对废弃或闲置空间进行再设计与功能重塑，赋予其新的生命力，构建符合人们现代生活需求的古镇新貌。

图 3-4 大理喜洲古镇

在古镇保护与优化的实践中，应秉持区域协调发展的理念，将古镇与其周边的自然生态与文化遗产视为一个整体，通过“点—线—面”的联动模式，整合区域内资源，形成合力。鉴于单一古镇发展能力的局限性，倡导与邻近古镇村落建立合作机制，实现资源共享与优势互补，促进村际间的互利共赢。

3. 生态平衡原则

古镇的生态适度性建设旨在促进生态环境质量的提升与经济活力的激发，确保古镇生态系统的长期繁荣。鉴于古镇自身发展速度难以与现代社会同步，因此需探索创新路径以加速其转型与发展。古镇蕴含丰富的自然资源与人文遗产，其建筑风貌、自然风光、街巷布局及公共空间均为推动可持续发展的宝贵资产，这些资源具有转化为经济动力并提升古镇影响力的潜力。

在发展古镇旅游业时，需审慎评估古镇的承载能力与基础设施维护能力，确保在保护古镇原貌的前提下合理开发旅游资源。通过控制游客流量，平衡旅游经济发展与古镇可持续发展的关系，维护古镇的生态环境。此外，还需要深入挖掘并且保护古镇独一无二的文化资源，像自然景观、人文景观等都涵盖在内，同时还要探寻并展现出其他潜藏的文化特色，借助多元化的策略推动经济发展，构建起既有文化底蕴又具生态魅力的生态旅游目的地。在这一过程中，关键在于实现保护与发展的和谐共生，确保古镇在保留其历史风貌与文化特色的同时实现经济的稳步增长与生态环境的持续优化。①

4. 人本导向的可持续性原则

在古镇的保护与优化进程中，应超越物质文化遗产的单一维度，深刻关注古镇的核心主体——本土居民，他们不仅是古镇生命力的创造者，也是古镇深厚文化底蕴的直接承载者与传承者。鉴于居民对古镇深厚的情感联结，古镇的改造与升级必须坚守人本设计的核心理念，深入洞察并满足其真实需求与期望，可以说，古镇保护工作的首要任务在于确保居民利益的最大化。在古镇设计改造的过程中要充分与居民沟通，征询居民的意见并尊重他们的想法，激发居民的主人翁意识，鼓励他们积极参与古镇保护与发展的各个环节。这一过程旨在提升居民对古镇整体风貌保护的重要性的认识，通过集体行动改善古镇的自然环境，强化基础设施建设，进而提升居民的生活品质、幸福感与归属感。同时这也是对古镇建筑景观风貌质量的一次全面提升，旨在构建一个既保留历史韵味又符合现代生活需求的和谐古镇，实现"以人为本"的可持续发展目标（图 3-5）。

① 杨吉华．文化特色小镇建设的理念创新与主要模式 [J]. 人文天下，2017（18）：66-71.

图 3-5　山西碛口古镇

（二）古镇建筑的设计方法

在古镇的景观构成中，建筑作为最显著的物质载体，其风格对整体城镇景观风貌的形成具有不可估量的影响。古镇的建筑展现出多样化的形态，这些形态背后能够映射出不同的经济、社会及文化发展轨迹，因此对古镇建筑进行设计与保护对于古镇的特色文化传承与风貌展现是非常重要的。

1. 仿古与创新并蓄

建筑空间设计的核心在于深度挖掘并再现当地的历史场景与文化，这一过程可视为对地域性景观，特别是标志性建筑的“类设计”探索。在我国乡村多样化的地域文化土壤中，孕育了各具特色的传统建筑形式，如徽派建筑以其依山傍水、青瓦马头墙及精致雕塑而闻名，西南地区的吊脚楼则通过其独特的木构悬挑结构、覆盖的小青瓦及古朴的装饰展现了浓郁的民族风情。从这些传统建筑中提炼关键元素，如传统筑造技艺、地方材料及文化象征符号，是模仿与修复传统建筑的重要前提，另外，若将这些传统建筑的精髓与现代建筑技术相融合，还能使新建筑在风貌上与周围环境和谐共生。总之，仿古与创新并蓄的建筑空间设计，不仅是对历史的致敬，更是对未来生活的积极探索。它要求设计师在尊重地域文化与自然环境的基础上创新运用各种技术或材料，以开放的心态和创新的精神，创造出既具有深厚文化底蕴又符合现代审美与使用需求的建筑作品，为古镇发展注入新的活力与希望。

2. 就地取材

本土材料的选用是彰显传统景观风貌特色的关键策略之一，这一策略不仅强调景观建筑在形态上与传统建筑保持一致性，还要求在材质与质感层面与周边地域环境实现深度融合。以乌镇（图 3–6）为例，其在保留古镇原有地域特色风貌的基础上，实施了“修旧如旧”的改造策略，即依托既有环境基底，运用传统榫卯结构及原生石材进行修复与建设，此举不仅使乌镇的这一“商业项目”成功保留了地域特色，还促进了自然景观与传统建筑形式的双重保护与发展。

图 3–6　乌镇建筑

3. 契合意境

若要促使建筑与景观风貌达到和谐统一，就不应仅仅局限于形式上的契合，而要进一步追求精神层面的共鸣。在建筑空间中营造意境是超越直观景象的更高层次审美追求，它蕴含了深刻的人生态度，能够触动人心，引发共鸣。地域性建筑之所以是地域文化意境的具体体现，不仅是因为运用了当地的建筑材料，它们还兼具功能性与审美性，是地域文化景观形象的核心构成部分，同时紧密关联着地域特有的生活方式与文化精神。因此，实现建筑与景观的真正和谐不仅要继承建筑外观、材质及传统工艺，更要深入探索并传承传统地域建筑所蕴含的精神内涵。例如，日本建筑深受禅宗文化熏陶，追求的是一种“物我两忘，直见本心”的至高境界，力求在设计中达到“见山又是山，见水还是水”的自然与心灵的和解，深刻体现了对事物本质的不懈追求。

（三）古镇建筑分级保护策略

古镇建筑作为历史文化遗产的核心组成部分，其地域性特征鲜明，每一砖每一瓦均承载着深厚的文化底蕴与生活记忆。这些建筑不仅是物质空间的构成元素，更是人们解读古镇社会结构、文化习俗及历史变迁的重要窗口。随着现代化进程的加速，人口向城市迁移，古镇面临“空心化”挑战，加之自然灾害频发，建筑维护与修复因劳动力短缺而受阻，导致古镇建筑出现损毁和废弃等问题。特别是古镇中的传统民居等特色建筑，其保护状况尤其令人担忧，成为亟待关注的重点。因此，实施古镇建筑分级保护策略，显得尤为重要，具体策略涵盖以下几方面。

1. 保护优化类

针对内部结构健全、布局合理、风貌保存良好的建筑，应采取最小干预原则，保持其原有的建筑结构与风貌特征，仅对局部细节如门窗、墙面进行精细修复，确保建筑内部环境的整洁与舒适，以展现其原始魅力并发挥其居住功能。

2. 治理改善类

在不触动建筑基础结构及外观风貌的前提下，针对内部设施老化或局部损坏的建筑，运用传统工艺与原材料进行修复，恢复其使用功能与安全性能；同时兼顾建筑的原真性与可持续性，确保修缮后的建筑既符合现代生活需求，又保留历史韵味。

3. 整治改造类

对于存在安全隐患但整体风貌与古镇环境相协调的建筑，需采取审慎的改造措施，去除与古镇风貌不符的附加物，如拆除现代材料覆盖的屋顶，替换为当地特色瓦片（如小青瓦），统一门窗样式与色彩，墙面进行适当粉刷以协调整体色调，从而实现建筑外观与古镇整体风貌的和谐统一。

4. 拆除重建类

针对已严重破损、存在高度安全隐患或严重破坏古镇风貌的建筑及构筑物，应采取拆除措施。若居民有重建需求，应指导其选用当地传统建筑材料与建造技艺，确保新建建筑在风格、色彩、材质上与古镇环境相协调。若无重建需求，则考虑将该地块转化为生态景观区或公共活动空间，通过绿化、景观设计等手段，提升古镇环境品质，丰富居民与游客的文化体验，促进古镇的可持续发展。

第二节　古镇水系景观的设计与治理

在景观设计中，水系景观设计是其中非常重要的一环，这在古代便有深刻体现，如“水赋地以灵秀”“景因水而活”等谚语，精辟地揭示了水对于环境营造的不可或缺性。随着古镇休闲旅游的蓬勃兴起，水系景观作为环境美化与旅游开发的重要元素，其在营造宜人环境、促进游客沉浸式体验以及强化古镇历史风貌与文化氛围等方面展现出显著价值。水不仅是古镇自然景观的核心组成部分，还在古镇的兴起、扩张及空间布局优化等方面起着至关重要的作用。它既是古镇生命之源，保障了居民的生产与生活，也是古镇发展脉络的见证者，其流向、形态与古镇的布局变迁紧密相连。水体的存在还极大地丰富了古镇的空间层次，增强了景观的多样性和动态感。好的水系景观设计与治理不仅能够使当地的文化延续下来，还能够有效提升景观的独特魅力，大大增强旅游目的地的吸引力，从而成为推动地方旅游经济发展的关键力量。

一、古镇水系景观的界定

在既往的古镇研究资料中，普遍倾向于深入剖析古镇的实体构成与硬性特征，却在一定程度上忽略了塑造古镇独特韵味与风貌的关键要素——水。水是自然界万物诞生的根基，亦是万物存续与进化的基石，由此孕育出了璀璨多姿的水文化体系。水文化作为各类文化形态的核心与灵魂，历经岁月的洗礼与传承，在全球范围内留下了深刻的历史印记，这些印记不仅是地域水文明的象征，更是全人类共有的宝贵文化遗产。古镇文化的精髓往往深植于水文化之中，众多古镇的兴起与发展均与水资源紧密相联，它们依水而建，形成街巷，汇聚成镇。在这一进程中，水文化不仅是古镇水景不可或缺的组成部分，更是其最为绚烂多彩的灵魂所在，赋予了古镇独特的韵味与生命力。

古镇水系景观指的是古镇建设或更新过程中由水体构成的景观体系的总称，此体系涵盖了古镇内人为开凿或改造的水体，如池塘、水井、运河、蓄水池、水幕墙及人造喷泉等；亦包括自然形成的水文景观，诸如溪流、古河、瀑布、水幕、瀑布式跌水、天然喷泉与泉眼等；围绕这些水景，还衍生出一系列与水环境紧密关联的构筑物与设施，如沿水而建的步道（栈道）、驳岸工程、汀步石、石桥、木质桥、竹编桥、悬索桥等，它们不仅满足了人们的通行需求，还成为连接水体与古镇生活的桥梁，彰显了自然景观与人工构筑物和谐共生的美学理念。

在中国悠久而丰富的居住文化历史中，水元素与人类的居住空间形成了紧密交织、不可分割的共生关系，古镇内部及其周边水域所构成的复杂的水环境系统不仅是一个自然与人工交织的生态网络，更是影响古镇空间布局、肌理特征、人文风貌等多元维度的关键因素。这一独特的现象造就了诸如蟠龙古镇（图 3–7）、西塘古镇（图 3–8）、朱家角古镇、南浔古镇等众多具有深厚研究价值的古镇，它们不仅是历史的见证，更是文化传承的宝贵财富。

图 3-7　蟠龙古镇水景

图 3-8　西塘古镇水景

二、古镇水系景观与水文化的交互影响

水与古镇之间存在着一种深刻且相互依存的关系，这种关系不仅限于美学描绘。如古诗“青山横北郭，白水绕东城”不仅展现了水系景观的意境之美，更蕴含了对古镇形成历程、演进趋势及空间结构布局的深远意义。因此对古镇进行全面研究与分析时必须将水这一核心要素纳入考量范畴，深入探讨水与古镇之间的多维度互动关系。

(一)水文化为古镇水系景观添彩

周庄(图3-9)以其蜿蜒曲折的水系景观闻名遐迩,宏村则因宁静的湖面景致而引人入胜,凤凰古城的沱江水则悠然流淌于人心。"水"这一自然元素既能细腻地传达温婉柔情,亦能壮阔地展现豪迈气概,其魅力无出其右。当水文化被巧妙融入古镇水景的营造时,无疑会为古镇增添绚丽的外衣,赋予其无法忽视的光彩。水文化与古镇水景融合的,不仅能赋予古镇深厚的历史韵味与自然之美,还能巧妙融合原生态文化的质朴与现代社会科技的精妙,共同将古镇水景推向美学与功能的双重巅峰。

图3-9　周庄古镇

(二)古镇水系景观促进水文化的传承

水文化的传承依赖于具体而有效的表达载体,而水体本身便是其最为直接的体现。将水体作为核心审美要素融入古镇水景的规划与设计之中,从而创造出的令人叹为观止的水景景观,实则是水文化直观展现的一种高级形式,可以说,古镇水景承载了千百年来的水文化,具有独特的历史底蕴。水、景、文化的这种完美结合不仅提升了视觉吸引力,更易于激发公众的情感共鸣与文化认同，从而有效促进水文化的广泛传播与深度传承。

水文化与古镇水系景观之间存在着深厚的内在联系，前者是精神层面的文化形态，后者则是该文化精神在物质空间中的具体体现。两者的融合，本质上是一个深入挖掘历史渊源、并以此为基础进行创造性设计的过程。在此进程中，既要确保水文化的精髓得以传承，又要兼顾古镇景观的保护与可持续发展，这一任务表面上看似存在矛盾，实则通过恰当运用现代生态设计理念，能够实现古镇景观历史底蕴与现代风貌的和谐共生。这一融合使两者不仅不相互排斥，反而能相辅相成，共同促进传统水文化在古镇水系景观中的复兴与活力再现。

三、关于古镇水系景观的设计与治理

（一）水景的形态

水景的形态主要有四种，具体如图 3-10 所示。

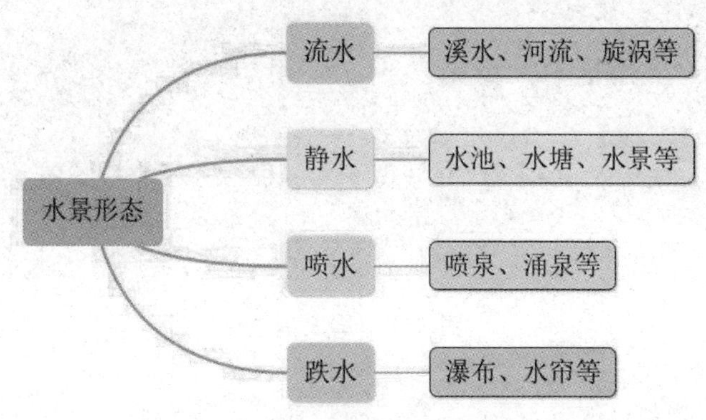

图 3-10　水景形态

湖泊、河流、池塘、溪涧、港湾等这些自然与人工交融的水域空间，既是生态环境的重要组成部分，亦是人们开展游泳、划船、冲浪、漂流以及水上乐园等各类水上活动的绝佳场所，极大地充实了人们的休闲娱乐体验。通过设置戏水活动区域可以增强游客对景观的参与感，从而充分满足人们亲近自然、享受水趣的心理需求。另外，水作为生命之源，还在古镇中承担着供给饮用、洗涤等生活必需功能。

在水系景观的构成中，除水体本身的形态外，还融入了由石材、木材、金属等材料构建的桥梁、岸堤、水槽、水坝等构筑物元素，它们共同构成了水系景观的多元化面貌。

（二）古镇水系景观设计应遵循的原则

1. 水域景观构建与古镇生产、生活需求相统一

鉴于人类聚居的历史，古镇往往依水而建，水源不仅是生存之基，也是文化之源。在古镇景观环境的优化过程中，结合古镇居民日常生活的现实需求对现有水系环境进行系统的梳理与升级是古镇景观塑造的重要内容。应避免单纯追求美学效果而忽视对古镇经济运作与居民生活质量的潜在影响，力求在美化环境与保障功能之间找到平衡点，实现两者的和谐共生。基于此理念，水系景观的强化与改造需紧密契合古镇独特的水资源特性，相互依存、相得益彰，依据古镇特有的环境风貌、功能定位及居民生产生活的实际需求进行规划与建设，确保整体景观的协调统一与功能的合理布局。

2. 古镇水系景观构建强调人本关怀

古镇中的池塘、古井、水道（图 3–11）、桥（图 3–12）以及江河溪流之畔等水系环境与古镇居民的经济活动与日常生活息息相关，它们构成了居民日常生活不可或缺的一部分。在古镇水系景观的塑造过程中，便捷性与实用性应作为优化升级的首要考量，通过融入人性化设计理念，丰富居民的生活方式。这些蕴含古镇风情与特色的生活场景可以塑造出古镇独特的氛围，慢慢可以转化为吸引游客的旅游资源，从而为古镇的旅游观光与体验活动增添丰富的文化内涵。部分水系环境区域无需过度雕琢，只需要合理治理与维护就可以了，这样可以保持古镇生活的原汁原味，展现其日常状态下的水系景观魅力，确保水系景观与古镇的自然景观和人文底蕴和谐共生，相得益彰。

图 3-11 南浔古镇水道

图 3-12 南浔古镇中的桥

3. 古镇水系景观构建强调地域特色，因地制宜

古镇的水资源是构建水系景观的基础，其高效且合理的利用是不可或缺的。对于水资源匮乏、不具备自然水景营造条件的古镇区域应避免盲目引入人工水景，而应依据古镇自身的资源禀赋采取因地制宜的策略。鉴于各古镇间资源条件的差异性，需深入挖掘并融合当地独特的自

然与人文元素,顺势而为,强化个性表达,致力于通过放大地域特色来优化与改造水系景观,力求创造出别具一格的水景风貌,规避同质化设计。具备地域标识性的水系景观不仅易于成为古镇景观的视觉中心,还能作为地域文化展示的窗口,从而丰富古镇居民的日常活动与游客的游览体验。

4.强化古镇水系的生态与防灾功能

古镇水系在构成古镇风貌景观的同时往往承载着多重功能,如供给居民生活与生产用水,部分溪流河道还承担防洪排涝与雨水收集功能,其能为植被生长提供必要的灌溉条件,从而促进自然生态的良性循环;而在防灾减灾层面,则发挥着火灾扑救与旱情缓解的重要作用。因此在古镇水系景观的营造过程中,需在确保这些基本功能得以有效实现的基础上进一步凸显其美学价值与观赏价值。与城市景观营造的目标与方法相区别,古镇水系景观的构建应避免仅追求装饰性与观赏性而忽视与古镇自然环境的和谐共生,应着重打造既体现古镇特色又兼具坚固性、实用性、美观性与经济性的水系景观环境,确保其在满足功能需求的同时也能成为古镇风貌中一道亮丽的风景线。

(三)古镇水系景观设计的内容

古镇景观体系中的水系景观设计涵盖了对既有水体环境的品质优化、岸线修复与重构、水景构筑物的设计与融入以及水生植被的精心配置等多个维度。在进行水系景观设计时,重点是要深入剖析古镇水环境系统的组成要素及其相互间的作用机制,据此确立水系景观的形式语言、形态表达、材质等设计参数的精确要求。这一过程旨在促进水系景观与古镇整体风貌的和谐共生,创造出既多样又统一的滨水视觉体验,实现古镇生态、文化与美学的深度融合。

1.对水景驳岸的更新与改造

在古镇景观重塑的情境之下,对水体边缘即驳岸的更新与改造是重要一环。无论是顺应自然地势流淌的溪涧,还是匠心独运的人工水系,均牵涉到护坡结构的加固、边界围合的优化以及堤防设施的改造与升级。针对由山体地质构造与地形梯度自然塑造的溪流，设计策略倾向于融合地形地貌与生态保育功能，旨在营造一种“天人合一”的驳岸景观风貌。在此过程中往往采用散石堆砌的护岸方式，以促进包括植物、动物及微生物群落在内的多种生物的繁荣共生。

在古镇水岸线的处理上，虽然一部分需要适当考虑防洪需求而采用部分硬质化驳岸，但总体导向应以生态友好型、自然风貌为主导的自然式驳岸为主，旨在强化地域特色，彰显古镇独有的乡土韵味。在确保安全性的前提下还需要积极构思亲水空间的布局，以增进人与自然的亲近感。针对水位波动显著的岸段，可灵活运用台阶式与斜坡式相结合的驳岸设计，既满足功能需求，又增添观赏层次。

亲水空间的规划需深谙“借景”之道，巧妙地将水体景观与周边自然景观、人文景观融为一体，通过精心布局，创造出多维度、多层次的观景体验空间，让游人在亲近水体的同时也能沉浸于古镇独有的自然美景与文化氛围之中。

2. 对水景构筑物的设计与建造

在古镇的水景体系中，水体景观的实体构造元素——水景构筑物，是构成水景观的物质载体。这些构筑物通常由石材、木材和金属材料精心构筑，包括水岸边缘的栈道系统、亲水休憩平台、浮于水面的栈桥与汀步石，以及横跨溪流、水道的各式桥梁，如古朴典雅的石桥、温婉自然的木桥、轻盈别致的竹桥和增添探险意味的吊桥。水面上的船只与筏子亦是动态水景不可或缺的一部分，它们共同构成出一幅幅生动多彩的水景画卷。

在设计与建造这些水景构筑物时需深入融合古镇所在地域的自然地理环境以及其背后蕴藏的深厚的人文底蕴，确保功能需求与形式美学、材料选择之间的和谐统一。这一过程要求设计者具备跨学科的视野，将土建工程的结构稳定性、给排水系统的流畅运作、电气设备的智能化配置等专业知识有机融合，通过运用精湛的工程技术手段来确保构筑物的稳固与安全，同时彰显古镇的独特魅力与文化内涵，如此方能实现古镇水景构筑物与周边环境的完美融合，为游客提供既安全又富有诗意的游览体验。

3. 水生植被的引入

在古镇水景营造与生态修复范畴内，水生植被的引入是不可或缺的。这些生长于水体中的植物群落依据其生长习性被细分为挺水型、浮叶型、沉水型、漂浮型及湿生型五大类别，它们的种植需严格遵循其种类与品种的生态习性，确保与古镇水环境的生态条件相契合。具体来讲，水岸、驳岸及水面区域的水生植物配置需经过精心规划，旨在通过不同种类水生植物的合理布局，实现对光线、溶解氧及营养物质的精细调控。这一平衡配置旨在营造一个既有利于植物群落繁茂生长，又能促进水生动物栖息繁衍的和谐水生生态系统。在此过程中，水生植物一方面美化了古镇水景，另一方面又在构建良好生态系统、提升水体自净能力方面发挥着核心作用，是古镇水环境可持续发展的基础。

（四）古镇水系景观与水文化的融合设计策略

古镇之水滋养了居民生活、维系了生态平衡、塑造了独特的景观风貌，深刻关联着古镇的传统文化底蕴、自然生态格局及建筑空间布局。古镇水域景观作为水环境系统的一个关键组成部分，其范畴广泛，涵盖了古镇内外蜿蜒的河流体系以及因水而生的桥梁、码头、堤防等人工构筑物。这一水环境不仅是水文化的具象展现，更是一个动态演变的载体，其文化内涵随水流不息而不断丰富。如果在水域景观设计中简单复制或移植水文化元素，将难以有效促进水文化的活态传承与发展，水文化的精髓应与水域景观设计的宏观愿景及具体技术手法实现深度融合，二者在动态保护与创新的过程中相互激发、相互成就。鉴于此，接下来便提出几种策略以促进古镇水域景观与水文化之间的和谐共生与深度交融。

1. 依水构景

在人类文明初期，尚未形成固定城镇时，人类便展现出对水源的天然亲近与依赖，此乃人性中对生存环境的本能选择。人们倾向于择水而居，借助山势与水流的环绕能够满足生活的基本需求，如饮水、交通、农耕与防火,蕴含了人与自然环境和谐共生的朴素智慧。随着聚居形态的形成,古镇的水环境逐渐演变为丰富多彩的景观体系,这些景观以点、线、面的形式交织铺展,层层递进,体现了“天人合一”的哲学思想,强调了人类与自然和谐共融、相辅相成的理念,深刻反映了人们的审美追求与情感寄托。

古镇水系是连接建筑空间的重要纽带,“依水构景”有助于实现建筑与水文化的深度融合。这一过程中,水可以以其独特的柔性有效地平衡建筑的刚性,从而为古镇环境增添无限的生机与活力,拓展空间的层次感,增添空间的多样性。

在依水构景的实践中,相关设计人员的首要任务是科学规划古镇的空间布局,明确古街、水域及自然空间之间的主次关系,从而形成协调统一的整体格局。接下来需要做的就是深入考察古镇水环境的自然形态以及深入挖掘其背后蕴藏的文化内涵,然后借鉴古代园林理水的精妙手法,依据古镇的具体环境特征设计出水景的排列形态与序列,力求达到“形虽散而意境深远”的艺术效果,并通过精细化的空间节点设计,强化水景的细部表现,充分展现水的柔美与灵动,使每一处水景都成为古镇文化的生动载体。

节点作为古镇认知体系中的关键标识,承载着游客对古镇的记忆,这些节点主要包含了具有历史意义的建筑遗存、标志性的地标性景观等。通过观察可以发现它们在设计中往往既展现出了对自然环境的尊重,又巧妙地融入自然环境之中。因此在进行水系景观布局规划时可以选取自然水系作为基底,然后再结合创意性构造手法,从而创造出既符合自然风貌又具特色的人工水景。以靖港古镇为例,靖港古镇拥有七处著名码头——庙湾码头、楚河码头、桐仁码头、汁河码头、蔡家码头、义正码头及扇子码头,它们不仅是交通要道,更是古镇文化的重要象征。另外,靖港古镇还巧妙地依水构建了包括靖港民俗文物馆、“文革”时期物品陈列馆、宏泰坊青楼文化艺术馆、陶承故居、靖港族谱文化馆等在内的十大景点,这些景点与水景交相辉映,形成了独特的水乡风情,极大地吸引了游客的目光,促进了古镇的文化旅游发展。

2. 人水相依

在中国水文化的广博体系中,对于水的全面认知——包括其性质、功能、变化规律及利用、保护与改造等，均建立在尊重自然法则、珍视自然生态的基础上，这一理念深刻体现了道家与儒家文化中人与自然和谐共存的哲学思想，从而赋予了水文化丰富的生态意蕴与环境伦理价值。基于“和谐共生”的传统思想，古镇水景的规划与保护实践尤为注重与自然界的和谐对话，致力于通过科学的生态环保策略来激发古镇水景的生机与活力。

3. 文景共生

在古镇水系景观设计中，深度融合水文化就是为了捕捉并体现出水文化的核心精神，从而深入挖掘并准确定位古镇独有的文化精神与内在灵魂，即古镇之“魂”。这一“文景共生”的设计理念强调古镇应充分利用水文化那独特且源远流长的精神来生动展现古镇的人文底蕴、历史情感与生活风貌，进而触发人与古镇之间深刻的情感共鸣。

水文化在古镇景观中起着点睛的作用，它赋予了古镇更加丰富的情感色彩、地域特色与诗意美感，使古镇呈现出更加多姿多彩的面貌，因此在古镇水景的规划与设计中深入挖掘并弘扬当地水文化的精神内涵显得尤为重要。这一过程需通过水景的物质形态作为载体来传达与展现水文化的深层意蕴，从而使水文化与古镇水景在精神与物质层面实现无缝对接与和谐共生（图 3-13）。在具体实践时，设计初期应基于水文化特色确立一个恰当且富有意义的主题框架，随后运用水脉（自然水系）与文脉（历史文化脉络）的交织融合，重现古镇的历史风貌与文化情境。然后通过这两大脉络的精心布局与巧妙设计展现古镇景观美学的极致境界，从而实现自然与人文、历史与现实的完美交融。

图 3-13　七里山塘街

（五）古镇水系景观的治理

古镇中的水景是古镇景观风貌的核心要素与不可或缺的部分，不仅承载着促进农业生产、为居民提供生活便利、环境优化、气候调节及空气净化等多重功能，其水体本身作为造景的核心元素，还蕴含着深厚的文化底蕴与审美意趣，能够丰富空间层次、增添景观多样性、美化居住环境。这些水体景观不仅为古镇增添了无限诗意与画意，更激发了人们的审美共鸣与情感联想，是古镇文化传承与发展的重要载体，为游客与居民提供了丰富的审美体验与精神享受。但随着城市化进程的加速推进以及旅游资源的过度开发，古镇的生态环境面临着前所未有的挑战，导致水文化遗产面临着日益严峻的风险，因此在古镇修建或治理水系景观时需要注意以下几点。

1. 将生态环保理念融入古镇水景设计的全过程

为确保古镇水景免受"恶水文化"的侵蚀，需在设计的每一个环节都深入贯彻生态环保理念。运用多元化的生态科技手段如雨水收集与利用系统、应用绿色能源等来确保水景设计既美观又环保，从而实现古镇水环境的正向循环。

水景规划应优先依托并优化原有的自然水系与河道，力求在保护自然生态的前提下最大化利用水资源构建水景观。水流的动态特性在景观设计中起着至关重要的作用，它能够有效串联各个景观节点，形成连续而流畅的空间序列，增强古镇景观的整体连贯性，精心规划的亲水空间还能为古镇旅游注入新的活力与魅力，促进人与自然的和谐互动。

在尊重自然生态、保障居民生产生活秩序的前提下，可适当引入人工水系设计，巧妙设置亲水区域，将自然水体融入古镇景观之中，构建水网交织的聚落格局。古镇水景的营造还需高度重视水生态的维护与平衡，通过科学合理的给排水规划及生态措施的实施，完善古镇水循环体系，确保水资源的可持续利用。

在地形塑造方面，可运用简单的土方工程手段，创造如洼地、高地或梯田等富含乡土韵味的自然景观，构建古镇特有的“海绵”系统，有效应对雨水蓄留问题并丰富场地的竖向层次。还要积极推广古镇人工湿地的建设，不仅要关注其污水处理的功能性，更要在设计形式上力求创新，使之成为既净化水质又美化环境的生态亮点，为古镇水景增添一抹独特的生态魅力。

2. 综合运用水景治理技术

针对水景治理，应采取综合策略，结合物理、化学及生物方法，如构建水体循环过滤系统、实施曝气增氧技术、恢复水生动植物群落等，同时借助现代科技手段建立水域景观的长效监测机制，精准监测与调控水质，并根据社会变迁、环境变化及游客反馈等信息及时调整设计策略与管理措施，充分发挥水景在环境保护与生态恢复中的积极作用，实现古镇水景的可持续治理与维护。

3. 利用水景带动古镇景观可持续发展

鉴于水资源的纯净特性及其对环境的积极影响，优质的水环境能够显著改善古镇的居住条件，调节局部微气候，促进植被繁茂，进而稳固生态系统的平衡，为居民构建一个高品质的生活空间，引领古镇向可持续发展模式迈进。在设计过程中应珍惜并保护水体与湿地资源，通过低影响开发策略设计湿地水景以维护生物多样性，并确保自然生态的连续性。

4. 明确水景营造的初衷和目标

在进行古镇水景设计前需要清晰界定水景营造的初衷与目标，深入探究其设置的多重价值，并对拟建水景的地理位置、预期受众、表现形式及地域风貌特色展开全面而细致的调研与分析。针对古镇水景观环境设计，需兼顾实用功能与审美体验的双重考量，确保设计方案既满足日常需求又富有艺术美感。

水体资源的开发与应用，旨在营造蕴含“诗画意境”的景观风貌，设计过程中需秉承“师法造化，顺应自然”之理念，在形态上尤其注重追求“蜿蜒曲折”而非“直来直去”，以顺应自然界的基本法则。“水绕城郭添秀色，水居宅院显灵气”及“山水相依成园林，无水则景失魂”等观念深刻揭示了水体在乡村景观塑造中的核心地位。水体具备高度的形态可塑性，能够幻化出多样景致，为观者带来视觉上与心灵上的双重愉悦。其景观特性尤为显著：一是具有流动性，可以赋予景观以生命力，展现出柔美与灵动的双重气质；二是具有光影效应，水面的倒影能够营造出开阔深邃的视觉体验；三是具有光影交互的特点，波光粼粼的水面与周围环境的色彩相互映衬能够形成丰富多变的视觉画面，且能随景致色彩变化而变换，从而增强景观的动态美感。

在水环境设计与实践中需紧密结合特定场地的地理环境与气候条件，因地制宜地规划不同类型、风格及主题的水景。在这一过程中还应坚持与古镇整体环境相协调的原则，无论是对现有水系的优化梳理，还是新建水景观的创造，均应力求形态自然天成，运用当地天然石材与本土水生植物，共同构筑具有鲜明地域特色的水生态系统，如此方能在保护自然生态的同时创造出既具功能性又富含文化底蕴的古镇水系景观（图 3–14）。

图 3-14　贵州镇远古镇

第三节　古镇绿化景观的设计与营造

一、古镇植物景观营造

古镇植物特指那些在古镇区域内长期自然生长或经多年引种驯化已成功适应古镇自然生态环境且展现出良好生长态势的植物种类。古镇植物景观则是由古镇区域内多样化的乔木、灌木、藤本及草本植物群落共同形成的综合体，此类景观是在古镇原有自然植被基底上经由居民长期有意识或无意识的改造与培育所累积的结果。

在营造古镇植物景观时，需深入考量其周边环境的整体风貌，巧妙利用植物材料所固有的形态美、色彩美、质感美及芳香特性，以展现其独特的观赏价值。这些植物还承担着重要的生态功能，如吸收二氧化碳、释放氧气、调节温湿度、抵御风沙、微调局部气候以及美化环境等，是古镇生态系统不可或缺的组成部分。

作为古镇环境不可或缺的有机元素，植物通过科学合理的配置与布局，不仅塑造了功能完善、形态优美的植物景观，还赋予了古镇空间以独特的生态价值与经济价值。它们与其他景观要素（如建筑、水体、铺装等）相互融合共同构筑了一个个既和谐统一又充满古镇风情的整体景观环境，为古镇居民及访客提供了丰富的视觉享受与心灵慰藉。

二、古镇绿化景观设计应坚持的原则与策略

（一）古镇绿化景观设计遵循的原则

古镇植物景观的设计是指在保留原有景观风貌的基础上通过丰富植物群落的构成形式，增强景观的空间层次与深度，同时展现多样化的形态、色彩及季节更迭之美，从而优化古镇植物景观的整体塑造。这一过程需在可持续发展的框架下遵循以下核心原则进行设计与实施。

1. 秉持生态性原则，强调古镇植物景观的可持续性

古镇绿化景观设计的生态优先原则强调在设计过程中应紧密贴合生态学原理，旨在营造一个和谐、宜居、贴近自然的古镇生活环境。古镇绿化景观设计的首要任务是尊重并保护古镇内原有的植被资源与古树名木，采取以保护为主、合理利用为辅的策略。植物种类的选择需严格考量古镇所在地的气候条件、土壤类型等自然因素，确保植物能够健康生长，满足景观营造的基本需求。再者，植物群落的构建应遵循自然演替规律，深入理解并模仿自然植物群落的结构、层次与形态特征，以科学的方法指导设计实践。设计时还应注重生物生境的营造，可以通过多样化的生境设置来促进古镇生物多样性的恢复与提升。

2. 坚守功能性导向，凸显植物景观的人文关怀

在进行古镇绿化景观的设计之前需深入剖析人们对植物景观的多重需求，包括物质层面的使用需求与精神层面的审美与情感寄托需求。在功能定位上，植物景观应主要服务于古镇居民及游客的休闲游憩活动，通过提供丰富多样的空间体验来满足不同人群的审美偏好与情感需求。在设计过程中，设计师一方面需要追求生态、野趣与自然的和谐统一，另一方面也不要忘记融入深厚的人文情怀，同时还应充分考量植物景观的生态服务功能，如生态调节、生态维护等，积极响应生态文明建

设的内在要求，为古镇的可持续发展贡献力量。

3. 坚守艺术美学原则，升华古镇植物景观的美学价值

在进行古镇绿化景观设计时，需精心考量植物之形态、色彩的巧妙搭配，尽可能运用艺术设计的核心法则，如统一与变化、和谐与对比、节奏与韵律、对称与呼应等，创造出既统一和谐又富含变化、层次清晰且富含古镇风韵的植物景观。此过程不仅要求选取与古镇环境相契合的植物种类，彰显植物景观的多样性及季节变换之美，营造四季常青、生机盎然的生态环境；还需深入挖掘并展现古镇独有的地域特色、人文底蕴及资源特性，通过景观植物的选择与配置体现生态美学的深刻内涵与思想精髓，力求达到一种自然与人工巧妙融合、看似浑然天成实则匠心独运的艺术境界，即“人造胜似天开”。

4. 遵循经济合理性原则，优化古镇植物景观的效益结构

古镇绿化景观设计的经济合理性原则着重于强调景观营造的自然适应性与经济高效性的双重目标，这意味着设计需紧密贴合古镇所在地的气候、土壤等自然条件，确保植物能够茁壮成长，景观效果持久稳定，从而降低后期养护管理的成本与难度，实现养护资金的节约。经济合理性还体现在推动古镇经济型植物景观的发展上，即在植物选择上不仅要考虑其观赏价值，更要兼顾其经济价值，引入兼具高观赏性与高经济收益的植物种类，构建既美观又实用的古镇植物景观体系，实现经济效益与观赏效益的双重最大化。

5. 恪守地域文化原则，构建独具地方特色的古镇植物景观

古镇植物通常对本土生态具有高度适应性且维护成本相对低廉，在进行古镇植物景观的规划与营造时应尽可能保留并弘扬本土的乡土风情，避免盲目引入城市化植物配置与养护模式，从而防止丧失古镇独有的地域特色以及避免导致不必要的维护成本攀升。在植物选择上，首先要保护与利用地域性乡土植物资源，随后需系统审视并调整那些与古镇植物群落自然演替规律相悖的植物配置问题，确保植物栽植方案既符合

地域特色又具备良好的生态适应性及经济可行性。在进行古镇植物景观的设计时还应深入挖掘与整合地方历史文化资源,依据古镇的历史文化底蕴与特色风貌精选与之相契合的乡土植物及其配置模式,并巧妙地将这些植物元素与古镇内的其他景观要素相融合,以此为载体有效传承与弘扬古镇的历史文脉,实现自然景观与人文历史的和谐共生。

（二）古镇绿化景观营造的策略

植物配置规划主要是指依据植物的生物学特性与古镇整体规划框架对古镇中的乔木、灌木、花卉、草坪及地被植被等进行科学布局,并保证古镇区域内的温度、湿度、光照及灌溉等条件满足植物生长的要求。古镇植物景观(图 3–15)的优化升级的核心在于解决当前存在的植物景观同质化严重、物种多样性不足、常绿与落叶植物比例失衡、文化特色缺失等问题,具体可以通过以下策略来解决。

图 3–15　云南和顺古镇的植物景观

1. 古镇整体植被风貌设计

在构建古镇整体植被风貌的过程中应秉持最大限度保留原生植被的原则,尤其要重视对古树名木的保护与利用。在古镇边缘及其与田园或山林的自然过渡地带可以实施精细化的植被调整与补充栽植策略,这样做可以丰富古镇的景观层次。若古镇植被以落叶树种占据主导,可策略性地进行间伐,并适当引入色叶树种以丰富秋季景观色彩,增添古镇的季相变化魅力。古镇内还常散落着自然生长的古树,它们承载着古镇的历史记忆与文化印记,在绿化景观设计中应巧妙利用这些古树,可以将它们设计为独景树或背景树,从而使之成为视觉焦点或建筑景观的背景,从而加深古镇的历史文化底蕴与艺术气息。

2. 古镇出入口植被景观营造

古镇的出入口是连接内外世界的门户,它们不仅是游客进入古镇的第一印象点,也是离开时的最后回望之处,因此承担着展示古镇形象的重任。在营造出入口植被景观时常采用一株或多株形态优美、高大挺拔的乔木作为标识性元素,以强化出入口的存在感,同时赋予其引领游客进出古镇的导向功能。若需通过绿植来界定出入口区域的节点空间,则可选用低矮灌木或草本植物,采用群落式种植的方式或篱笆式布局,以形成围合感。为了提升古镇出入口景观的视觉冲击力与记忆点,有时还会采用色彩鲜明、布局规整的植物配置手法,以创造出令人难忘的视觉体验。

3. 古镇公共休憩区域植被景观构建

在古镇公共休憩区域的植被景观设计中,核心考量在于提升植被的观赏价值及其季节性变化的丰富度,同时注重植被群落的层次构建。植被种类选择上倾向于采用高观赏性的花卉、树木或具有观赏性的蔬果植物,以自然式布局为主导。为深化公共休憩空间的文化底蕴,可巧妙融入具有美好寓意的本土植物作为点缀。鉴于植被景观季节性变化的重要性,应精心布置色彩鲜明或形态独特的植物,以创造独特的视觉景观。

4. 宅院空间(宅前院后)植被景观规划

作为住宅的延伸,宅院空间承载着居民日常活动的重要功能,是展现古镇生活气息的重要场所,因此在宅院植被景观规划中需充分考虑居民的实际需求，除了种植观赏价值高的花卉、树木外，还应纳入广受欢迎的瓜果蔬菜类植物，通过品种、色彩及栽植形式的综合设计实现观赏性与实用性的和谐统一。针对宅院的晾晒与休闲区域，可运用经济实用的本土树种进行空间围合与界定，创造出既具功能性又富有个性的空间环境，满足居民多样化的生活需求。

5. 古镇水岸植被景观规划

古镇水岸植被景观如浙江乌镇水景（图 3-16）的塑造旨在彰显古镇的自然野趣与古朴韵味，因此设计过程中应尊重并保留原有水岸植被群落，以确保水岸生态系统的稳定与持续。在进行古镇水岸植被景观的设计时，可以结合景观美学与人们亲水活动的需求对水岸植被景观进行精细化调整，在适当区域可引入具有高观赏价值且耐水的本土植物种类以增强景观的层次与特色，还要注意依据景观视线的通透性或遮挡性要求，对既有植被进行科学合理的梳理与改造。在规划亲水活动区域时，植被设计需聚焦于稳固岸线及提供遮阳等功能，确保游客活动的安全与舒适。为丰富古镇的生物多样性，水岸植被景观设计应融入生态理念，通过构建适宜的生态栖息地，吸引并促进各类生物的繁衍与栖息，最终打造出一个环境优美、人水和谐共生、生态平衡的古镇水岸空间。

图 3-16　浙江乌镇水景

第四节 古镇公共设施景观的设计与布局

一、古镇公共设施景观的内涵

公共设施景观设计是指在古镇开放性的公共空间领域内设计兼具实用与艺术美感的公共设施或放置蕴含文化意蕴与审美价值的构筑物等，如雕塑小品、壁画装饰品、互动体验装置以及综合性艺术景观等。此类设计能够借助物质媒介的形态语言传达古镇的公共性文化内涵，丰富并提升古镇环境景观的艺术层次与品质，是古镇人文景观体系中极具创新活力与持久魅力的表达形式。

古镇公共设施景观设计旨在针对古镇公共空间营造富有特定场所感的艺术氛围，不仅包括对景观元素的创造性运用，也涉及功能性公共设施的艺术化改造与设计，此过程强调艺术元素与日常生活环境的深度融合，彰显其公共性与共享性特征。这些作品往往运用了艺术化的形式语言，以具象或抽象的形态为载体，深刻诠释了古镇的文化底蕴与精神特质，构建了富有启发性与象征意义的古镇景观，直观展现了古镇的人文魅力与文化图景。

公共设施景观设计是古镇风貌塑造的关键环节，它聚焦于古镇公共领域内环境的艺术性规划与布局，涉及古镇建筑内外开放空间、街巷等公共场所，是社会文化与美学现象的交汇点。此类设计及其成果在我们生活的空间环境中起着强化场所艺术氛围、塑造独特地域文化形象、传递人文情怀、优化生活空间质量、深化环境公共性的作用。①

公共设施景观设计不仅是一种外在的视觉艺术表现形式，更是一种蕴含深厚社会文化意义的形态，能够映射出社会政治观念与人文精神，直接或间接地塑造着人们的文化认知与审美偏好。在古镇的公共开放空间内，艺术创作与周边环境的融合设计以公共性的姿态展现，从艺术

① 石会娟，王森，刘慈遭，冯凌乐．面向文化旅游的特色小城镇发展路径探索——以柞水县营盘镇为例 [J]. 中国名城，2019（2）：28-31.

维度审视并提升古镇景观环境的品质,体现了对古镇文化传承与生态和谐发展的深刻考量。

二、关于古镇公共设施景观的设计与布局

古镇公共设施景观设计既是古镇文化与地域特色的镜像反映,更能够激发公众对古镇历史文化的思考共鸣与深度认知,因此成为传达古镇独特文化价值的重要媒介,不断促进古镇文化的传承与发展。在进行古镇公共设施景观设计时,主要需遵循以下内容。

(一)古镇公共设施景观的设计原则

1. 凸显公共设施服务于古镇民众的公共性

公共性这一概念它蕴含了公民性、共享性、社会性以及开放性等多重维度,旨在体现并维护全体社会成员的共同福祉。在古镇公共设施景观设计中,应强调设计成果与古镇开放空间的融合,采用易于居民和游客共鸣的艺术表现手法。在主题内容的选取上需紧密贴合古镇特有的社会文化脉络,反映古镇社群普遍关心与重视的历史、文化与生活议题,从而确保设计成果不仅能够美化环境,更能深化古镇居民的公共生活体验。

2. 运用公共设施景观彰显古镇文化的地域风貌

古镇作为历史与自然的交汇点,其独特的地域性自然风貌与深厚的文化底蕴因地理位置、发展历程的迥异而各具特色。这种地域性主要体现在古镇独有的自然环境、历史沿袭的生活方式以及丰富多彩的风土民俗之中。这些元素共同构成了古镇鲜明的可识别性,是其独特魅力的根源。在古镇公共设施景观设计中应尊重并融入这些地域性自然与文化要素,保持与传统聚落空间的历史延续性,与古镇的地貌特征、人文景观及生态环境紧密相联。通过融合传统精神与现代设计理念并运用多元化的表现手法可以创造出与古镇地域环境和谐共生的公共设施景观,

激发人们对古镇的情感共鸣，进而发挥传播古镇地域文化的积极作用（图 3–17）。

图 3–17　漫川关古镇设施

（二）古镇公共设施景观的设计形式

1. 户外装置艺术

户外装置艺术是古镇人文景观的有机组成部分，其设计灵感深深植根于古镇深厚的历史文化背景之中。这类艺术装置以古镇的生产生活方式为创作主题，巧妙运用木材、石材、本土植物及传统农作物等具有古镇特色的材料，通过艺术化的手法进行创作。它们被精心布置于古镇的入口、市集、田野、山林、河岸及溪流旁等典型场景中，不仅强化了古镇的独特形象与氛围，还以直观而生动的方式传递着古镇文化的深厚底蕴。古镇户外装置艺术的场景化设计与呈现，成为其创作与展示的核心策略。

2. 地景艺术

地景艺术是一种依托古镇自然环境与自然资源进行的创造性表达。

它选取古镇周边的田地、山林、河滩、山谷及湖泊等自然空间作为创作舞台，运用挖掘、堆砌、搭建及色彩处理等工程技术与艺术手段对自然环境进行微妙而富有创意的改造与重塑。这一过程体现了人与自然和谐共生的设计理念，创造出了既蕴含艺术美感又融合自然元素的全新景观。地景艺术展示了文化与自然环境的深度融合，并引导观者反思人与古镇、人与自然的紧密联系。

（三）古镇公共设施景观的布局

古镇公共设施景观设计需遵循上位规划框架，确保与古镇的自然风貌及人文底蕴和谐共生，构建古镇景观环境与公共设施景观之间的内在联系，依据古镇特定空间场所进行设施布局与单体设计。其核心在于融合古镇独特的美学理念与艺术创新手法，将公共设施设计理念深植于古镇人文精髓之中，凸显公共艺术品所承载的古镇文化内涵。①

在设计过程中，应深入考量地域性古镇环境的独特性以及历史文化的深厚积淀，力求公共设施景观与古镇环境的完美契合。这要求设计师精选能够体现古镇文化特色的主题内容，就地取材，运用富含乡土气息的材料并采用具有地域标识性的表现手法。还需要妥善处理公共设施、地域自然景观与人文背景三者之间的平衡关系，以营造出既符合古镇气质又能彰显时代特色的公共设施景观。

① 孙轩，张晓欢，陈锋．中国特色小城镇发展空间格局特征与政策建议 [J]. 中国经济报告，2018（9）: 94-97.

第四章　古镇景观设计的方法与推广

在历史的长河中，古镇作为地域文化的载体，承载着丰富的历史记忆与民俗风情，是连接过去与未来的桥梁。随着时代的发展，古镇不仅面临着文化传承的重任，更需要在保持其独特韵味的同时融入现代设计理念与科技元素，以实现可持续发展与文化的广泛传播。因此，探索古镇景观设计的方法与推广策略，成为当前文化遗产保护与旅游发展的重要课题。本章系统梳理并深入探讨古镇景观设计从方法创新到文化传播的全过程，为古镇的现代化转型与文化传承提供宝贵的启示。

第一节　古镇景观设计的方法

一、结合古镇自身的结构肌理进行整体布局

在古镇景观规划与设计的过程中,需深刻融合古镇独特的文化,以实现整体布局的科学性与和谐性。古镇历经岁月的沉淀与变迁,自其选址之初便逐步形成了蕴含深厚历史与文化底蕴的空间结构脉络,这一脉络不仅是古镇生命力的体现,也是规划设计的核心依据,因此在进行古镇景观设计时应以此为基础,旨在优化居民的生活环境与体验。

古镇的整体布局策略应紧密围绕居住区域展开,确保设计方案能促进居民间的情感交流与互动,从而强化社区凝聚力。关于古镇内的劳动作业区、休闲娱乐区的规划布局方面,应确保各功能区之间的有机联系与顺畅衔接,优化交通流线,以便于居民日常活动的顺利进行。

在进行规划时还需深入挖掘古镇原有的空间形态与景观元素,细致分析空间节点的肌理特征,通过创新的设计手法,将这些宝贵的文化遗产与现代设计理念相结合,尽最大努力构建出既保留古镇风貌又符合现代生活需求的科学、完善的古镇景观体系。

二、合理把控古镇建筑高度及街巷宽度

在古镇景观规划与设计实践中,道路网络规划至关重要,它能巧妙地串联起古镇的各个空间节点,编织出独具魅力的古镇空间图景。因此,对空间尺度的精准把控是必要的。在规划古镇公共服务设施时,应充分考虑村民的步行可达性,以合理的步行时间为基准(如不超过 15 分钟),以确保服务的高效性与便捷性。

根据古镇保护规划的要求,通常将古镇划分为不同的保护区域并分别实行不同的建筑高度控制标准,如在核心保护区,传统居民应保持一至两层高度,屋脊总高不超 9.3 米。古镇内的主街道宽度一般控制在 3

米至 8 米,巷弄宽度控制在 2 米至 4 米。这样的空间尺度设定一方面体现了设计的科学性与合理性,另一方面也为古镇居民的日常交流与娱乐活动提供了更加便利与舒适的环境。图 4-1 为贵州贵阳青岩古镇的街道,图 4-2 为朱家角古镇的水道。

图 4-1　贵州贵阳青岩古镇的街道

图 4-2　朱家角古镇的水道

三、深度挖掘与探索古镇地域性特色

古镇的地域性特色是历经数十年甚至数百年积淀而成的宝贵遗产，它蕴含了古镇丰富的历史传统、民俗风情、人文底蕴和独特风貌。因此，在古镇景观规划与设计过程中，设计人员应高度重视并深入挖掘这些地域性文化特征，以全面展现古镇文化的独特魅力。

（1）古镇的历史背景是其地域性特色的根基。设计师可以通过查阅文献资料等方式深入了解古镇的兴起、发展、衰落与复兴过程以及它在特定历史时期所起的作用。这些信息有助于为古镇的规划与设计提供丰富的历史依据。

（2）建筑风格是古镇地域性特色的直观体现。古镇的建筑往往融合了地域特色、时代特征和民族风情，通过考察建筑布局、建筑材料、装饰艺术等方面，可以提炼出独特的建筑语言（图 4-3）。例如，江南水乡的粉墙黛瓦、马头墙、小桥流水以及川黔地区的吊脚楼、石板街、木雕窗花等都是极具代表性的地域建筑符号。在现代设计中，这些元素可以被巧妙地融入新建筑中，创造出既兼具传统性又现代性的空间氛围。

图 4-3　凤凰古城

(3)民俗风情是古镇地域性特色的灵魂。设计师可以通过田野调查、访谈当地居民等方式深入了解古镇的民俗活动、节庆习俗、手工艺、饮食文化等,这些非物质文化遗产是古镇活力的源泉。在保护与传承这些民俗文化的同时,可以探索其与旅游、教育、创意产业等领域的结合方式,为古镇带来新的发展机遇。

在保护古镇风貌的同时,设计师应融合现代元素,提升居民生活质量和经济发展。通过引入现代科技、提升基础设施、优化旅游体验等方式,实现古镇的可持续发展。挖掘古镇的地域特色需要跨学科合作和持续努力。通过细致考察并提炼古镇独有的建筑风貌、民俗活动、乡土文化资源、自然植被、地方石材等富含文化寓意的元素并通过巧妙的手法将这些地域文化元素融入景观规划设计的各个环节中,可以增强古镇景观的文化内涵,使其贴近居民审美。

四、树立科学的古镇景观规划设计理念

在古镇景观规划与设计领域,最重要的任务之一是构建一套科学的指导理念框架,要求设计者融合前瞻性的创新思维,结合现代设计思潮和古镇独特的历史文化底蕴,以实现“一镇一景”的独特规划格局。规划视角需具备长远性,避免对短期经济效益的盲目追求而牺牲古镇的长期可持续发展潜力。同时还要追求古镇经济繁荣与生态环境保护的和谐共生,确保两者在规划设计中得到协同推进。

(一)尊重历史,传承文化

科学的古镇景观规划设计理念要求人们在进行景观设计时要尊重古镇的历史与文化。古镇的历史建筑、街巷布局、传统工艺和民俗活动等都是其独特魅力的体现。在规划设计中,应深入挖掘古镇的历史文化内涵,保留和传承这些宝贵资源。同时,要避免对古镇进行过度商业化和现代化改造,以免破坏其历史风貌和文化底蕴。

（二）以人为本，提升生活品质

古镇不仅是文化遗产，更是居民的生活空间，因此在规划设计中应充分考虑居民的生活需求，提升古镇的居住环境和公共设施水平。通过改善交通、增加绿地、完善公共服务设施等方式，提高古镇的宜居性和生活品质。同时也要注重古镇的社区建设，增强居民的归属感和凝聚力。

（三）创新融合，打造特色品牌

在尊重历史和文化的基础上，科学的古镇景观规划设计理念还要求创新融合。通过引入现代设计理念和技术手段，将古镇的传统元素与现代元素相结合，打造出具有独特魅力的古镇景观。同时，也要注重古镇的品牌建设，通过打造特色旅游项目、举办文化活动等方式，提升古镇的知名度和影响力。

（四）公众参与，实现共建共治共享

科学的古镇景观规划设计理念还强调公众参与的重要性，在规划设计中，一要充分听取古镇居民、专家学者和社会各界的意见和建议，确保规划方案的科学性和可行性；二要注重古镇的社区治理，通过建立健全的社区管理机制和居民参与机制，实现古镇的共建共治共享。

第二节　古镇景观设计的游客体验优化与文化交流

一、古镇景观设计与游客体验优化

（一）针对自身影响因素的优化

游客身体因素涵盖了身体的物理维度与生理机能，具体涉及感觉器官功能、肢体肌肉力量及皮肤敏感度等。感官体验作为个体与外界环境互动时感官器官受激所触发的心理反应集合，是旅游过程中游客丰富体验内容、产生愉悦感与满足感的关键途径。下面将对“五感”维度下的身体性因素对游客体验的深度影响进行分析。

1. 强化视觉美感体验

鉴于视觉神经在大脑信息处理中的核心地位（约占 30%），视觉体验无疑是感官体验中最直观且影响力最为显著的组成部分。它不仅是游客对旅游地形成初步印象的直接渠道，还贯穿整个旅游体验过程，深刻影响着游客的记忆建构，因此精心打造视觉景观，提升视觉美感，对于增强游客在古镇的旅游体验满意度具有关键作用。通过优化景观布局、色彩搭配与光影效果，可以显著提升游客的视觉享受，进而加深其对古镇的整体印象（图 4–4）。[①]

图 4–4　西江千户苗寨

2. 营造悦耳的听觉环境

听觉作为另一个重要信息接收渠道，与视觉相辅相成，共同构成了“视听盛宴”。景区通过音色、音量、频率等方面的精心设计可以营造出

① 杨娟 . 具身视角下大理沙溪古镇游客体验研究 [D]. 昆明：云南师范大学，2023：43-45.

舒服的声音环境,从而能够有效增强景区的氛围感染力,激发游客的想象力与情感共鸣,深化其对景区文化与主题的理解。在古镇,可以积极利用自然声音元素(如风声、水声、鸟鸣、马蹄声、人声交谈等)来营造一种宁静、放松、舒适的听觉氛围,这样一方面能够提升游客的听觉体验,另一方面还能在无形中使游客放松身心,沉浸其中,进一步丰富其旅游体验。

3. 优化味觉体验并推广美食文化

味觉可以说是仅次于视觉的感官体验维度,其感使得个体在品尝食物时能够迅速捕捉到酸、甜、苦、辣、咸等多种基本味觉元素。在旅游活动的多元构成中,“食”作为六大基本要素之一,虽看似细微,实则起着非常重要的作用,其影响力不容小觑。对于旅游目的地而言,美食不仅是地方文化的重要载体,更是塑造目的地独特形象的关键因素。诸如上海七宝古镇老街特色糕点(图 4-5)、昆明宜良的烤鸭、大理的乳扇、曲靖的蒸饵丝等,均已成为各自地区的标志性美食,深刻影响着游客对目的地的整体感知与记忆构建。

美食体验在旅游过程中的重要性不言而喻,它能够通过味觉刺激为游客带来深刻的感官享受,进而丰富并提升整体旅游体验的质量。为增强古镇的美食吸引力与游客体验,可以从以下几个方面进行优化:(1)深入挖掘并传承地方特色美食文化,打造具有鲜明地域标签的美食品牌;(2)鼓励并支持美食店铺的创新与发展,引入多样化的美食种类与烹饪技艺以满足不同游客的口味需求;(3)加强美食文化的宣传与推广,通过线上线下相结合的方式,提升古镇美食的知名度与美誉度,进而吸引更多游客前来品尝体验。

图 4-4　上海七宝古镇老街特色糕点

4. 优化嗅觉体验以促进游客愉悦感

嗅觉是引导游客消费行为的关键感官之一,游客通过识别特定气味能够触发大脑中的联想机制,从而促使自己主动搜寻与该气味相关联的情境或物品,此过程不仅强化了游客的记忆形成,还使得这些记忆具有高度的持久性,难以忘怀。例如,在沙溪古镇中游客常通过嗅觉接触到花香、特色美食的香气以及寺庙中的焚香气息,这些元素共同构成了古镇独特的嗅觉环境,因此沙溪古镇可考虑从两方面着手优化:一是增强自然与人文气息的多样性与纯正度;二是通过布局设计引导游客在游览过程中自然地体验这些气味,从而加深其对古镇的整体印象与情感联接。

5. 优化触觉体验以增强游客沉浸感

触觉主要是指通过皮肤与环境的直接接触来为游客提供关于旅游目的地的物理环境特性的直接信息,从而深刻影响游客对旅游景观的认知与感受。肤觉体验不仅关乎温度、质地、湿度等物理属性的感知,更在于如何将这些感知转化为深刻的记忆。举例来说,在沙溪古镇,为了全方位激发游客的触觉感官，可以设计一系列以"可触感"为核心的旅游产品，如让游客亲手触摸茶马古道遗留的实物、亲身体验扎染（图 4-6）、体验木雕工艺的精妙。这些设计旨在缩短游客与古镇文化之间的距离，通过肌肤之亲加深游客对古镇历史、文化与艺术的感知与理解。①

图 4-6　古镇扎染

（二）情境性影响因素导向下的旅游体验优化

遗产活化的核心在于增强游客对文化遗产的认知度与体验深度，通过物质、社会、精神三个维度的综合活化，使游客能够深刻领悟遗产的文化精髓。符号经济学理论也启示我们，现代消费者愈发重视产品背后的文化意义。

以沙溪古镇为例，它拥有丰富的文化遗产，其中沙溪马帮文化作为茶马古道文化体系中不可或缺的一部分，是吸引游客探索古镇的核心魅力。玉津桥、古戏台、古巷弄及古村落等遗迹也不仅是滇西马帮文化鼎盛时期的见证，还是深入理解茶马古道文化的重要窗口，为游客营造了浓厚的历史文化探索氛围。然而，这些文化往往只限于学术界和当地社群，对外来游客来说仍然陌生且很少被提及。因此，有必要利用遗产活

① 杨娟．具身视角下大理沙溪古镇游客体验研究 [D]. 昆明：云南师范大学，2023：43-45.

化和符号经济学理论，探索沙溪马帮文化在新时代的展现路径。

在策略实施上，可以借助表演艺术强化游客的多感官互动体验，编排以滇西马帮文化为蓝本的特色剧目，重现自唐代以来剑川盐业开发、沙溪经济繁荣、马帮驰骋四方的历史画卷。运用现代舞台技术，如布景、声光电，打造沉浸式观剧体验。融入互动环节，让马帮文化从展示变体验，满足游客精神需求。坚持可持续发展，尊重并创新沙溪古镇文化资源。设计马帮文创产品，如书籍、文具等，用新颖营销手段如盲盒提升购买兴趣。举办文创产品征集活动，鼓励产品创新与市场拓展。引入角色扮演，让游客体验马帮生活，增强旅游吸引力。图 4-7 与图 4-8 为沙溪古镇。

图 4-7　沙溪古镇（1）

图 4-8　沙溪古镇(2)

二、古镇景观设计与文化交流

在进行古镇景观设计时可以多构建一些富含文化特色的场所,以满足公众对于文化参与及文化沉浸体验的需求。诸如宗教建筑(如寺庙)、宗族纪念场所(如祠堂)等,常作为区域景观的视觉焦点,不仅直观展现了地方文化的精髓,还能够通过建筑与环境的和谐共生强化地域文化的传承功能。此类空间往往会举办一些公共活动,使访客能深刻体会到当地独特的文化氛围。

在古镇中自然形成的标志性景观(如古树、古泉等)亦是景观体系中的亮点,它们不仅能为居民提供休憩之地,还因承载着丰富的历史记忆与文化故事而吸引游客驻足。以成武县白浮镇戚庄村内的 700 年皂角树为例,它已成为当地不可或缺的文化地标,在夏季,人们会在树荫下进行交流。

对于多数古镇而言,拥有历史遗迹或文化遗址是提升其文化认同感的关键。通过适当的保护、整合、修复或重建,这些元素可转化为特色小镇的重要节点空间。而对于那些自然资源与文化积淀相对匮乏的古镇,则可根据其独特的地域文化背景与自然条件创造性地打造标志性景观。

此过程可采用体验式景观构建策略，或围绕特定主题进行景观营造，以此增强古镇的文化吸引力与辨识度。

图 4-9　浙江乌镇戏楼

第三节　古镇景观设计的品牌塑造与文化推广

近年来，随着城市品牌塑造理论的日益精进与体系化，品牌价值的认知维度显著拓宽，其重要性愈发凸显，因此需积极培育彰显中国特色的品牌体系，加速推进中国精品工程的实施步伐，同时加强对传统中华老字号的保护以及对地理标识品牌的维护力度。在此背景下，国内特色古镇亦积极投身于品牌化建设的浪潮之中，致力于通过精准的品牌定位指导其景观规划与设计。但部分特色古镇在追逐旅游市场热潮的过程中出现了忽视自身独特文化底蕴与地方特色资源的倾向，转而追求短期经济利益的快速累积。这一行为模式虽然在短期内会带来经济上的增长，却削弱了特色小镇原有的丰富内涵与文化价值，导致其品牌独特性与市场竞争力逐渐流失,甚至面临品牌空心化的风险,不利于古镇长远的发展,因此应及时采取有效措施改善这一情况,对古镇进行正确的品牌塑造与文化推广。

一、景观设计与品牌塑造的内在关联性

(一)品牌形象与景观形象的共同属性

1.特色差异性

景观风貌的独特性源于地域文化的深厚积淀,它是自然环境、历史演变与社会交往等多重因素交织作用的产物,呈现出鲜明的时空烙印与人际互动的痕迹。为避免景观同质化,即为了避免陷入“千镇一面”的困境,在进景观设计时需深入挖掘并彰显各地区的独特性的元素,通过艺术化的表现手法将这些元素融入设计之中,从而塑造出具有鲜明差异性的景观风貌。同样地,在品牌塑造领域,独特性与差异性亦是品牌竞争力的核心所在。品牌特征涵盖产品质量、服务体验、技术创新、文化内涵及商业策略等多个维度。随着市场步入“品类化”竞争的新阶段,企业间的竞争焦点逐渐转向“创造差异”。唯有构建独特的品牌个性与特色,方能在众多品牌中脱颖而出,形成与消费者之间的强烈共鸣与差异化认知。

2.情感记忆性

在进行品牌形象的塑造时需要将品牌核心理念、文化精髓及价值观深度融入产品之中,以此实现品牌情感与产品的深度融合。这一过程依赖于“共通符号”或“统一印象”的创建,旨在通过产品设计的多元化元素,精准触动人的情感脉络,激发人们内心深处的心理共鸣,进而在品牌传播中展现积极效应与强大影响力。

古镇景观形象的塑造则聚焦于古镇地标性建筑、景观及公共空间的设计与施工,旨在通过标志性的视觉元素强化古镇品牌形象的视觉识别

度与记忆点。人类活动于空间环境之中，对环境的感知与理解根植于个体需求与情感体验之上，因此景观形象的营造不仅是对物理空间的改造，更是对公众情感记忆与文化认同的深刻塑造。

3. 文化历史性

品牌的核心特质之一在于其历史维度的独特展现，这不仅是品牌悠久传统的体现，更是对品牌起源、发展历程、文化继承与演变的生动叙述。这一过程构成了品牌及其文化的生命轨迹，赋予了品牌丰富的文化内涵，并为其提供了多元化的内外部传播策略基础。品牌历史文化的塑造实质上是一个将无生命的商品转化为蕴含生命力与思想深度的品牌实体的过程。

景观之形象所蕴含的文化历史本质上体现为人类过往文明活动的结晶与历史遗存的累积，它们犹如社会文化长河中沉淀的宝贵化石，为后世提供了洞悉社会变迁脉络的清晰视角。通过精心维护那些具有历史价值的景观遗迹，不仅能够深化民众对于历史文化的深刻理解与热爱，还能有效推动旅游资源的深度开发与利用，进而为当地经济注入活力，实现文化与经济的双赢发展。

（二）品牌形象与景观形象的关系

1. 景观形象是品牌形象的外在呈现

在当代社会快速发展的背景下，景观设计已超越单纯的视觉审美追求，它成为一门融合艺术美学、科技应用、人文社科、自然科学及地理学等多领域知识的综合性学科，旨在通过跨学科视角创造具有深远影响的作品。在众多规划与设计实践中，强调地域精神与文化特色的彰显成为重要趋势，这一过程促使景观形象设计被深度整合至品牌形象构建策略之中。景观形象在品牌形象塑造中起着视觉传达作用，特别是在特色古镇文化旅游品牌的对外推广活动中，景观形象以其直观且富有感染力的特点，成为品牌形象最直接的具象化表达。

2. 品牌形象促进地域景观形象的发展传播

（1）品牌形象的构建能够激发人们对古镇形象的重新审视与创造性重构

在旅游业范畴内，每一个品牌的诞生都承载着特定的文化价值，因此品牌形象与彰显文化特性的景观形象之间存在着不可分割的紧密联系。就内容层面而言，品牌内涵往往根植于特定景观形象所蕴含的地域历史文化土壤之中。而从创作者视角审视，品牌创建者的成长环境深刻影响着其创作风格，地域景观形象所承载的地域历史文化则是其灵感的重要源泉。故而，无论是从内容层面分析还是以创作者视角分析，品牌形象均可视为特定景观形象的代言者。

（2）品牌形象能够促进地域景观形象的跨界传播与影响力扩展

尽管品牌深深印着地域文化的印记，但其传播力却跨越了地域界限，特别是在移动互联网的推动下，品牌信息能够瞬间传到全球各地，实现了传播的去中心化与多元化，在此传播生态中，任何地域的品牌都能迅速实现跨地域的广泛传播。特别是在旅游领域，旅游目的地与游客之间往往存在文化错位现象，这种错位反而增强了景观形象的异质化吸引力，从而激发游客的浓厚兴趣。

（3）文化旅游品牌形象能够促进地域景观形象的再聚合

对于地理位置相对偏远的古镇与乡村而言，其旅游客源多源自周边地区，随着城市群的不断分化与扩展，这些古镇与乡村逐渐成为周边游客的汇聚点。这些游客共享着相似的方言、地域价值观与民俗风情，将古镇与乡村的景观空间视为周末休闲的优选之地。在此背景下，基于特定地域的旅游品牌得以茁壮成长，它们不仅为特定地域景观带来了更多的关注与认同，更在一定程度上实现了景观形象的聚合与强化。

二、品牌塑造与文化推广策略

（一）提炼景观资源竞品，增强品牌辨识度

品牌辨识度的构建是在对景观资源具有全面而深入的认知的基础

上进行的，这一过程涉及对资源价值的再评估与系统化梳理。品牌塑造的前期调研的核心在于对周边环境特色资源的细致剖析及对竞品市场的精准定位。

1. 对文化旅游资源的深度剖析

文化旅游作为旅游业的重要组成部分，其蕴含的高文化价值与广阔的发展潜力不容忽视。发展文化旅游对提升民众生活质量、促进文化传承具有深远意义。关于文旅资源分析主要有以下三个关键维度。

（1）对自然地理风貌的解读

自然地理特征作为旅游资源的天然名片，其独特的美学价值不容忽视。部分特色古镇凭借着得天独厚的地理位置与便捷的交通条件吸引了大量的游客。

（2）对历史文化的挖掘

重大历史事件与名人典故为古镇赋予了独特的文化内涵，在景观设计中深入挖掘并融入这些历史元素，能够丰富设计层次，强化景观的多样性与文化深度。

（3）对乡土文化的探索

中国社会的乡土性特质激发了人们对“寻根”文化的向往，这不仅是情感的寄托，也是文化认同的体现。在自然景观与历史遗迹相对匮乏的城镇中，乡土文化成为构建特色景观的重要资源，其丰富的历史积淀与多样的表现形式为景观设计提供了无限灵感。

2. 对竞品市场的分析

古镇的全面发展需综合考虑经济、文化、社会等多维度因素。在景观规划设计中，精准提取并有效利用景观元素是塑造独特景观形象的关键。通过对竞品市场的深入分析，可以识别古镇在景观形象发展中的潜在问题与解决方案，有助于规避设计误区，创造更具吸引力的景观形象。但鉴于相似资源属性易导致同质化问题，因此强调地域民俗特色，避免设计理念的同质化是构建差异化竞争优势、塑造独特景观形象的有效策略。

（二）挖掘地域文化特色，突出品牌定位

地域的独特地形与气候条件共同塑造了多元化的自然环境，这些自然环境与当地居民的生产生活实践深度融合，孕育了丰富多彩的地域文化景观，深入挖掘并融合自身的地域文化特色是塑造独特景观形象、奠定品牌风格基调的核心策略。机械地模仿或盲目追随潮流往往导致景观设计的同质化现象，不仅浪费了宝贵的资源，也削弱了品牌的独特性和竞争力，因此在景观规划设计的初期阶段就应着重于对地域文化的深入挖掘与创造性转化。

品牌定位的精髓在于其蕴含的地域文化内涵，这一内涵并非人为刻意塑造，而是自然流淌于当地建筑、习俗及居民的日常生活中，是地域独特性的直接体现。地域文化作为中华传统文化的重要分支，承载着某一区域悠久的历史文化传统，是生态、民俗、传统习俗、生活习惯等多元文明要素的集中展现。它在特定的地理空间内与环境相互交融，形成了鲜明的地域标识，展现出不可复制的独特性。

地域文化的构成涵盖了物质与非物质两大层面。物质层面主要包括具有地域特色的建筑风貌、服饰风格、饮食文化等，是地域文化外在表现的重要载体。而非物质层面则涉及更为深层次的价值观体系、社会制度、风俗习惯、地方语言、艺术形式等，它们共同构成了地域文化的精神内核，是地域文化生命力与创造力的源泉。在景观规划设计中，通过对这两大层面的全面挖掘与整合，可以有效强化古镇镇的文化底蕴与品牌魅力，实现差异化竞争与可持续发展。在古镇景观规划的实践中，精准把握地域文化特征不仅是文化传统的有效传承方式，也是推动景观与社会经济可持续发展的关键策略。这一过程需以地域文化差异为基础，综合考量资源禀赋等物质文化基础与文化底蕴等非物质文化精髓，通过细致梳理与提炼，构建古镇的独特标识。可以将富有生命力与文化特色的元素融入景观设计中，从而构建出一个既彰显地域风貌又能够进行可持续发展的独特城镇景观体系，强化品牌特色定位。

（三）构建视觉形象系统，塑造品牌形象

在塑造古镇景观时，建立独特的品牌视觉形象系统对形成品牌情感

记忆极为关键。这一系统要传递品牌核心信息，展现视觉美感，实现功能与审美的平衡，提升观者愉悦感并保证形象的可持续性。古镇的视觉形象应内容丰富、层次分明，涵盖标识、导览、吉祥物等，以增强公众对古镇品牌的认知。实际应用中，这些元素可以转化为标识系统、文化景观小品和地标性景观，共同构建古镇的视觉形象，促进品牌塑造与传播。

古镇的标识体系、景观装置及地标性景致深刻植根于历史文化的沃土，映射着时代的独特风貌，它们以独特而鲜明的符号化语言构筑起古镇的精神文化图腾，与民众间建立了深厚的情感纽带，并形成文化共鸣。在推广古镇品牌形象的过程中，这些元素起到了地方文化名片的作用。作为象征性表达的载体，它们需与地理环境的自然韵律相协调，与人文景观的和谐共生相呼应，共同编织出一幅幅与自然和谐共融的画面。

文化地标的设计追求形式与精神的双重高度，避免流于表面的视觉冲击或文化元素的机械堆砌，而是力求触动人心，唤起集体性的情感记忆。标识系统、景观小品及地标性建筑，作为承载深厚人文价值的媒介，是构建古镇视觉形象体系不可或缺的内容。以长白山的导览标识为例，其设计灵感源自长白山山体的自然形态，色彩选择则巧妙地与周边树木的色调相融合，展现了与自然环境的和谐之美，能够为游客带来视觉上与心灵上的双重愉悦。

古镇品牌视觉形象识别系统的设计应紧密贴合品牌定位所蕴含的文化精髓，同时捕捉并反映时代的精神风貌与价值取向。地域文化的独特性与可识别性是设计过程中需重点把握的要素。通过系统总结与提炼，可以建立起一套具有独特性的设计符号体系，将抽象的文化概念转化为具体、可识别且富有扩展性的设计语言，进而在古镇的景观设计中得以生动展现，使古镇的文化魅力得以广泛传播。

第五章　古镇景观设计实践研究——以陕南古镇为例

陕南古镇，不仅是时间流转的忠实记录者，更是地域文化与民俗传统深厚积淀的载体。本章旨在初步描绘陕南古镇的概貌，随后深入剖析古镇文化景观的学理界定，旨在为阅读者搭建一个条理分明的理论架构。紧接着，通过对陕南古镇景观中地域文化特性的细致挖掘，力图展现其别具一格的文化韵含。最终，基于当代社会发展的宏观视角，构想并阐述针对陕南古镇景观的保护与演进策略，旨在激发对古镇可持续发展的深刻反思。

第一节　陕南古镇概述

一、陕南古镇产生的原因

（一）物资丰富

秦岭山脉、巴山及其延伸支脉构筑了陕南古镇的天然屏障，而汉水与丹江及其众多支流则成为农耕活动与生活用水的重要源泉。加之，该区域南北边缘地带的独特气候特征，促进了生物多样性的显著展现，不仅适宜水稻的栽培，还盛产柑橘与茶叶等经济作物。汉中地区以其丰沛的降雨量、清新的空气环境及旖旎的自然风光而著称，素有“西北之江南”的美誉，历史上长期维持着自给自足的自然经济形态，展现出一种富足自适的社会状态。安康区域则以丰富的森林资源与密布的河流水系为特色，早期居民巧妙利用这些自然资源，既满足了生活所需，又就地利用木材等构建居所，体现了人与自然的和谐共生。商洛之地，气候温和湿润，雨热条件同步，加之其丰富的动植物资源及水资源储备，更以开放包容的姿态吸引来自四面八方的旅人与定居者。上述自然条件与资源禀赋，共同为陕南古镇的形成与发展奠定了坚实的物质基础，展现了人与自然和谐共生的典范。

（二）逃避战乱与匪患

在古代时期，北方地区饱受战乱侵扰，民众生活困苦，而南方虽经济较为繁荣，却时常遭受匪患侵扰，民众亦承受巨大压力。鉴于陕南地域多被崇山峻岭所环抱，且地处中央集权力量相对薄弱的区域，这一地区在动荡时代中更显其独特价值，成为北方民众躲避战乱与南方民众逃离匪患的优选之地,促成了大量南北向移民潮的汇聚。[①]

同时,历史上已存在穿越秦岭与巴山的交通要道,这一自然屏障的克服极大地方便了来自四川、湖北、安徽及湖南等地的移民涌入陕南。随着移民的陆续迁入,他们不仅带来了人口的增长,更将南方丰富的文化元素融入此地,使得陕南地区逐渐形成了兼具南北文化特色的地域风貌,展现了文化交流与融合的独特景观。此过程不仅丰富了该地区的文化内涵,也深刻影响了其社会结构与风土人情,展现了历史时期人口迁移与文化交流的复杂性与深远影响。

(三)水运的兴盛

自古以来,水上运输便是古代社会不可或缺的交通手段,其中汉水流域更是充当了南北交通的枢纽角色。位于陕南的汉中、商洛、安康三处地域,凭借其独特的地理位置,成为联结四川、湖北、山西、陕西等地区的关键水路节点,这一优势不仅极大地加速了陕南地区经济的蓬勃增长,还深刻影响了文化的广泛传播与融合。

回溯历史,茶马古道作为贸易往来的重要通道,其繁荣景象与蜀道的坚实支撑密不可分;而汉江与丹江的水运网络,则成为物资流通与商贸活动的生命线,为陕南沿江盆地一带的土地开发与经济繁荣注入了不竭动力。这一系列经济活动,不仅直接促进了沿江区域的经济增长,还间接加深了陕南各地与外地之间的文化交流与互动,为陕南地区多元文化的共生共荣奠定了坚实的基础。

二、陕南古镇的分布特征

第一,陕南地域历史悠久的聚落多隐匿于秦岭与巴山怀抱之中,汉江及其众多支流宛若血脉,贯穿整片区域。古镇的布局深谙自然之道,依山傍水,尤其是择址于河谷与山坳之间,彰显了对地形地貌的精妙顺应。建筑艺术上,古镇建筑如石片房、竹木屋、吊脚楼等,体现了对地理环境的理解,多样且富含地域文化。这一特征不仅体现了对自然环境的尊重与和谐共生,还展现了在漫长历史进程中,不同建筑风格的相互吸

① 占毅丽.陕南古镇景观中的地域文化特色比较分析[D].西安:西安建筑科技大学,2017:10.

纳与融合，最终孕育出陕南古镇建筑风貌的多元性与深厚内涵。这种风貌，既是对地理环境的直观反映，也是人文历史长期积淀的结晶，其独特性在学术研究中具有较高的价值。①

第二，陕南地区的古镇群落，广泛分布于地形上的天然豁口、关隘要塞、历史古道旁的驿站节点以及汉江与丹江流域沿线的关键商贸汇聚之地，这些位置在地理上占据举足轻重的地位，是陕南地域与外界互通有无的商贸枢纽与文化交流的前沿阵地。陕南的古镇不仅是经济往来的桥梁，更是南北文化交融互鉴的璀璨舞台，深刻体现了地域间文化元素与商业活动的深度整合与协同发展。

第三，鉴于近现代时期水陆交通模式的转变，陆路交通逐渐取代了水路的主导地位。陕南地区，因其独特的地理位置而显得偏远且地势险峻，该地区广泛分布着被山峦环抱的平缓地带。这种特定的地理环境，一方面构成了与外界交流的自然屏障，限制了信息的流通与文化的交融；另一方面，却也意外地成为一种保护伞，有效地维持了当地传统建筑风貌与民俗习惯的原始性与完整性。

三、陕南古镇的大致分布

（一）汉中地区的古镇

汉中，坐落于汉中盆地这一地理单元，其北界巍峨秦岭，南邻蜿蜒巴山，汉水如玉带般穿越其间，形成了四季温和、气候宜人的自然环境，冬季避开了凛冽严寒，夏日亦无酷暑侵扰。此地土壤丰饶，水源充沛，自古便享有“微型江南”的雅称，历来被视为人类宜居的典范，吸引了汉、羌、苗、回等多民族在此繁衍生息，共绘多元文化的绚丽图景。

汉中的古镇建筑与川北建筑有着异曲同工之妙，白墙、青瓦构成了舒展而朴实的特征，达到了建筑与周边环境的高度融合。代表性的建筑形态有四合院，三合头，吊脚楼，木板房等，现在汉中保存比较完好的古镇有八处之多，分布较散，代表性的有青木川、华阳古镇（图 5-1）等。

汉中地区的古镇建筑群与川北地区的建筑风格呈现出一种不谋而

① 占毅丽．陕南古镇景观中的地域文化特色比较分析 [D]．西安：西安建筑科技大学，2017：14.

合的韵味,其显著特点在于采用白墙与青瓦的巧妙搭配,营造出一种既开阔又质朴的视觉效果,实现了建筑物与其所处自然环境之间的和谐共生。在此地域内,一系列具有标志性的建筑形态得以展现,包括但不限于四合院的规整布局、三合头的别致构造、吊脚楼的独特悬挑设计以及木板房的质朴风情。当前,汉中境内尚存有多达八处保存状况相对完好的古镇,这些古镇在地理分布上呈现出一定的分散性,其中,青木川与华阳古镇作为杰出代表,尤为引人注目。

图 5-1 华阳古镇

(二)安康地区的古镇

安康市,坐落于陕西省南部的中枢地带,其北界紧依巍峨的秦岭山脉,南侧则绵延至巴山之余脉,其间汉江等多条水系蜿蜒流淌,经年累月地塑造了广阔的冲积平原,而凤凰山则以其独特的姿态穿插其间,共同构筑了该地区"三山环抱双川流"的独特地理格局。安康地区以其密布的河网系统与宜人的气候条件而著称,自然环境优越(图 5-2)。追溯其历史脉络,安康自春秋战国时代起便凭借汉江这一天然水道与外界展开了广泛的文化与经济交流,逐渐发展成为南北方文化交融的璀璨明珠。

图 5-2　安康汉江

在历史的长河中，安康以其得天独厚的航运条件，成为南北商贾利用水路及陆路交汇进行商贸活动的枢纽，这一地理位置优势促进了人口的汇聚与定居，进而孕育了多个繁荣的聚落。安康独特的历史轨迹，不仅赋予了其融合南北文化的特质，还体现在了建筑风貌上，形成了石板房、木质构架屋、四合院以及马头墙等多元建筑风格的和谐共生，充分展现了地域文化的兼容并蓄。

值得一提的是，紫阳县瓦房店镇，石泉县下辖的城关镇、后柳镇与熨斗镇，汉滨区的流水镇，汉阴县双河口镇，白河县城关镇以及旬阳县蜀河镇等地，均是这一文化交融现象的典型例证。这些古镇不仅保留了丰富的历史遗迹，还较为完整地复原了古代居民的生活聚居状态，尤其是后柳古镇与蜀河古镇，更是以其实物形态深刻揭示了先民聚居模式的独特魅力。通过细致入微的考察与分析，可以发现这些古镇在规划与布局、建筑形式与风格以及居民生活习俗等方面均展现出显著的南北交融特色，从而在学术研究中为探讨地域文化的互动与演变提供了宝贵的实物资料。

（三）商洛地区的古镇

商洛，坐落于陕西省南部之东隅，其命名蕴含双重渊源。

其一，追溯至历史典籍，《史记·殷本纪》载，契辅禹治水功成，受封于商，此为国名之始。《水经注》亦云，丹水自上洛蜿蜒南下，经商县之南，乃契初封之地，契者，帝喾之子也。由此可见，商洛在往昔乃商国疆土之一隅，历经朝代更迭，其行政建制亦随之变迁，依次为郡、州、路、道、区、分区、专区、地区等，彰显了该地深厚的历史底蕴。[①]

其二，从地理视角审视，商洛地处秦地之东南陲，地势复杂，山脉交织，其间洛河、金钱河、丹江及旬河等水系穿流而过，形成了独特的自然景观。其命名正源于此间之商山与洛水，凸显了山水相依的地理特征。此等自然条件不仅赋予了商洛丰富的山水资源，亦促进了水上交通的发达，吸引了四方商贾云集，进而催生了以商贸为中心的多座古镇。这些古镇的建筑风貌各异，既有楚地风格的飞檐翘角，也有徽派特色的白墙黛瓦与马头墙，更不乏就地取材的石板房，而融汇秦楚建筑精髓的老街，更是成为多元建筑文化交相辉映的典范。

时至今日，商洛地区仍保留着诸多风貌完整的古镇，如凤凰古镇、漫川关古镇（图 5-3）、云盖寺镇、丹凤县龙驹寨及棣花镇等，它们不仅是历史的见证，更是文化多样性的生动展现。

图 5-3　漫川关古镇

① 张敏洁，王非．商洛：秦岭深处生态城 [J]. 西部大开发，2010（5）：52.

第二节　古镇文化景观相关概念

一、古镇

在人文旅游资源的璀璨星河中，古镇以其独特的魅力熠熠生辉。古镇通常被界定为那些历经岁月洗礼却仍维持着较为完善的古建筑群落、沿袭着世代相传的民俗风情以及展现着鲜活生活图景的古老城镇与村落。古镇不仅是历史记忆的深厚载体，更是文化积淀的丰富宝库，为世人提供了一扇窥探古代文明、沉浸地域风情的独特窗口。它们往往择址于古代交通网络的枢纽之处，或是坐落于自然环境相对幽谧、经济文化相对昌盛的地域，这种得天独厚的地理位置与深远的历史积淀，共同塑造了古镇别具一格的风貌与气质。

二、文化景观

“景观”一词的英文对应“landscape”，其深层次含义侧重于人类干预下形成的视觉景象。

“文化景观（cultural landscape）”最早源于地理学，由德国地理学家吕特尔（Otto Schluter）正式引入学术界，随后美国地理学家索尔（Carl O. Sauer）从人文地理学的领域出发，对文化景观进行了系统的研究与论述。索尔（1925）在发表的著作《景观的形态》一书中提出了文化景观的经典定义，即文化景观是“由文化群体在自然景观中创建的样式，文化是动因，自然是载体，文化景观是结果”，强调了文化景观的构成主体是自然与人文，二者之间的相互作用是文化景观多元化的来源。联合国教科文组织在颁布的《世界文化遗产公约》中提出：文化景观反映了因物质条件的限制和/或自然环境带来的机遇，在一系列社会、经济和文化因素的内外作用下，人类社会和定居地的历史沿革。

于古镇研究领域而言，文化景观被界定为古镇地域内，人类活动深度参与并塑造的自然与文化环境的整体展现。这一范畴不仅涵盖了古镇内古建筑群、历史街巷、古旧民居等具象化的物质遗存，还深入至传统习俗、居民生活范式等非物质文化层面，从而构成了古镇历史脉络与文化基因传承不可或缺的媒介。通过这一多维度的视角，文化景观成为透视古镇独特魅力与深厚文化底蕴的关键窗口。

三、乡村文化景观

乡村景观包括自然和人文元素，乡村文化景观是其独特子集，特点是文化内涵与外在形式的结合。它是居民将自然景观与社会活动融合的艺术展现，展现了地域特色和历史脉络，历史底蕴比都市文化景观更深。

鉴于我国城镇化进程中城市问题日益凸显，乡村文化认知的淡化现象趋于加剧，国家层面对于乡村振兴战略的重视程度显著提升，聚焦于乡村文化的弘扬与导向作用，积极探索通过构建文化特色鲜明的小镇来推动美丽乡村建设的新路径。这一实践模式不仅响应了时代的需求，更在全国范围内激发了古镇复兴的新浪潮，为乡村地区的可持续发展注入了新的活力与创意。

四、乡村旅游吸引力

乡村旅游吸引力，依据其生成机制与特质的差异性，可详尽地划分为自然景观吸引力与文化景观吸引力两大维度。具体而言，文化景观吸引力聚焦于一系列人文要素的展现，这些要素涵盖了历史文物的保存状况、民俗风情的延续、文化精髓的传承发展以及人为干预下的景观塑造与开发。此类吸引力，不仅体现在物质层面的直观展示，更蕴含了深厚的精神文化内涵，从而构成了对游客的独特魅力。通过细致入微地挖掘与呈现这些人文要素，乡村旅游得以在精神与物质双重层面上吸引并满足游客的多元化需求。

第三节　陕南古镇景观中的地域文化特色

陕南，坐落于秦岭与大巴山脉的怀抱之中，作为中华璀璨文明的摇篮之一，其独特的地理位置在历史长河中占据举足轻重的地位。该地区蕴含着丰富的历史文化资源，其分类方法因研究视角的多样性而显得纷繁复杂。本节将对古道文化、汉水流域文化、迁徙定居文化以及商业贸易文化这四个核心领域进行深入阐述，这些文化形态不仅塑造了陕南历史城镇的独特风貌，还对其山水人文空间格局产生了深远的影响，展现了文化与地理环境的紧密交织与相互作用。

一、古道（盐道、栈道）文化

栈道之兴，可追溯至古代社会，初为民生之需与交通之便而筑，后逐渐演变为政治与军事领域的重要通道。陕南地区重峦叠嶂，民众智慧地开辟出多条蜿蜒曲折的通道体系，诸如秦蜀古道、盐运古道及茶马古道等，均为其显著代表。其中，秦蜀古道以其非凡的历史地位而著称，它不仅促进了黄河与长江两大流域文明的深度融合，还对国家的统一进程产生了深远影响。

截至目前，已确认有八条古道穿越秦岭与巴山之间，这些古道相互交织，共同构建了陕南地区错综复杂的交通网络。谈及盐运古道，其作为连接川陕两地、历史悠久的古盐道，自南北朝时期起便逐渐发展成为一条重要的交通干线，对区域经济及社会生活产生了不可估量的价值。

茶马古道则是一个更为复杂的道路系统，其中与陕南地区紧密相关的陕甘茶马古道，作为南北交通的咽喉要道，承载着茶叶贸易的发展与南北文化的交流。在南方茶叶贸易的版图中，汉江扮演了至关重要的角色，它是茶叶从南方产区运往陕西乃至更远地区的必经之路，极大地推动了茶叶经济的蓬勃发展。

二、汉江文化

汉江，作为长江水系中的第二大支脉，蜿蜒流经陕南地区，不仅为区域的生产与生活提供了坚实的基础，还深刻促进了当地经济的蓬勃发展，汉江文化也因此成为陕南文化体系中不可或缺的部分。其独特的地理位置，犹如一条璀璨的纽带，横跨南北，极大地促进了区域间的经济交流与融合，使得汉中与襄阳等地逐步演变为重要的交通枢纽。

回溯历史，唐宋时期，汉江的航运业达到了前所未有的繁荣景象，商船往来频繁，物资交流活跃。至明清时期，随着商贸活动的进一步拓展，港口建设日益兴盛，不仅加速了商品流通，也为近现代汉江流域港口网络的布局奠定了坚实的基础。这一航运业的蓬勃发展，不仅推动了区域经济的快速增长，还深刻影响了沿线历史城镇与聚落的兴起与演变，诸如紫阳、蜀河等地，均因汉江航运的繁荣而逐渐繁荣起来，形成了各自独特的文化风貌与社会结构。

三、移民文化

在人类文明的演进历程中，民众的力量是塑造历史的基石。在陕南区域的社会经济版图中，人口因素起着举足轻重的作用，历朝历代的政治实体均致力于通过精细化的开发与调控策略来激发并引领该地区的繁荣进程。追溯陕南的移民脉络，其历史深度可触及至西周晚期，彼时起，波澜壮阔的移民迁徙浪潮便成了推动陕南经济社会双轮并进的重要驱动力。

进入明清时代，一场名为“湖广填四川”的宏大移民运动，更是将陕南的发展推向了前所未有的高峰。此次运动不仅显著促进了当地人口的激增，还为农业生产的扩张与精细化、手工业的蓬勃兴起提供了坚实的人力资源基础。同时，这一过程中伴随着的文化交流与融合，深刻地影响了陕南地区的社会风貌与文化底蕴，形成了南北文化交相辉映的独特景观。至今，这些历史积淀仍深深植根于陕南社会的每一个角落，成为该地区文化发展活力的源泉。

四、商贸文化

陕南地域地貌纷繁复杂，对农业发展的空间构成显著制约，然而，得益于古栈道网络、汉江水上运输的便利条件以及历史上移民活动的持续影响，该区域的商贸经济却得以蓬勃发展，尤以明清两代最为显著。商贸活动的兴盛不仅深刻影响了当地社会经济的格局，还直接促进了历史城镇的形成与建设，其中商贾群体通过组织帮派形式，共同出资建设会馆，并将其作为商业活动与文化交流的重要场所。

具体而言，安康县城的码头区域在光绪年间展现出前所未有的繁荣景象，成为商贸往来的重要节点；而南郑地区，则凭借其地理位置优势，成为汉江上游地区的交通枢纽，商贸活动极为频繁且规模宏大。此外，诸如蜀河古镇、白河县以及龙驹寨等地，其丰富的商贸历史遗存亦是对陕南地区商贸繁荣景象的生动诠释。

五、四种文化间的相互关系

（一）古道文化与商贸文化的相互促进

古道（盐道、栈道）作为古代交通要道，不仅促进了商品的流通，还带动了商贸活动的繁荣。盐道作为重要的物资运输通道，保障了食盐等必需品的供应，促进了区域间的经济交流。栈道则以其险峻著称，连接了崇山峻岭，使得商贸活动能够跨越地理障碍，进一步拓展了市场范围。商贸活动的繁荣又反过来促进了古道的维护和扩建，形成了良性循环。

（二）汉江文化与移民文化的相互融合

汉江作为陕南地区的重要水系，不仅为当地提供了丰富的水资源，还成为移民迁徙的重要通道。历史上，大量移民沿汉江而下，带来了各地的文化习俗和生产技术，与当地文化相融合，形成了独特的汉江文化。移民文化的融入，使得汉江文化更加多元和包容，同时也促进了文化的交流与传播。

（三）四种文化的综合影响

这四种文化在陕南地区相互交织、相互影响，共同构成了该地区独特的文化景观。古道文化和商贸文化促进了经济的繁荣和市场的拓展；汉江文化和移民文化则丰富了当地的文化内涵和人文底蕴。

六、四种文化对陕南古镇的影响

陕南地区的古道文化、汉江文化、移民文化和商贸文化相互交织，共同塑造了该地区独特的文化景观，并对古镇产生了深远的影响。

第一，这些文化促进了古镇经济的繁荣，作为商贸要道，古道为古镇带来了商流、物流和人流，使其成为区域经济中心，吸引了众多商人和手工艺人。

第二，这些文化丰富了古镇的文化内涵。移民文化的融入使得古镇文化更加多元，不同地域和民族的文化在此交融，形成了独特的文化景观，影响着古镇的建筑风格、民俗和手工艺。

第三，这些文化塑造了古镇的空间布局。古镇沿古道发展，形成了“街巷式”或“鱼骨式”的布局，既便利商贸，又体现了历史文化底蕴。

第四，这些文化推动了古镇的旅游开发。陕南古镇凭借其文化魅力和历史底蕴成为旅游热点，吸引了大量游客。旅游业的发展不仅带动了经济效益，也促进了文化的传承和保护。

第四节　陕南古镇景观的保护与发展策略

一、陕南古镇保护与发展的原则

（一）标准化与特色化相结合原则

在古村镇旅游发展的多维框架中，标准化与特色化构成了两大核心特征。标准化进程聚焦于提炼旅游镇发展中的普遍性原则,旨在设定基准要求并引领发展方向,这既涵盖了旅游设施如宾馆、景区、公厕及服务标识的标准化配置,也涉及旅游镇需遵循的总体目的地建设标准的遵循。另外,随着旅游市场竞争态势的日益激烈,凸显独特性与个性化成为旅游镇增强生命力的关键,亦是赢得市场青睐的必由之路。因此,推动旅游镇的特色化转型,是其彰显比较优势、实现差异化发展的战略抉择。

强化地方政府的引领与协调作用同样不可或缺。通过设立专项旅游开发机构,政府可实现对古村镇旅游资源的集中整合与科学规划,同时配套制定详尽的政策框架与法规条例,以确保标准化与特色化开发路径的并行不悖,并促进当地旅游活动的规范化、有序化运行。

(二)主题塑造与产品开发的多元化原则

传统观光旅游模式,因资源消耗显著、附加价值有限及体验过程刻板化等弊端,已难以契合当前古村镇旅游多元化发展的趋势。在推进古镇旅游发展的过程中需双管齐下:既要充分挖掘古镇现有资源的潜力,又要深刻洞察并满足游客日益增长的综合性心理需求。古镇不仅承载着丰富的历史建筑遗产,还蕴含着深厚的历史文化底蕴,包括独特的风俗信仰、璀璨的民间艺术、传统的生活劳作方式以及环绕其间的壮丽自然风光。这些宝贵资源为发展体验式旅游提供了得天独厚的条件。为此,相关部门应积极创新,将这些旅游资源转化为具有高度互动性的旅游项目,使游客能够在参与中深刻体验古镇的独特魅力,进而使其成为推动古村镇旅游转型升级的重要驱动力。通过这样的方式,不仅能够丰富古镇旅游的内涵,还能有效提升游客的满意度与忠诚度,为古镇旅游的可持续发展奠定坚实的基础。

(三)可持续开发原则

独特且迷人的旅游村落资源为访客构筑了丰富的游览、休闲及娱乐等旅游基石,进而有利地驱动了旅游业的发展,使其实现了经济价值的增长。村落之所以能发展旅游业,关键在于其具备丰富的旅游资源。在此视角下,维护旅游资源实为维系古村落旅游产业的持久繁荣与可持续发展之根本。所谓可持续性开发,首要任务是确保古村落旅游资源的开发活动在严谨的保护框架内进行，即实施限制性开发策略，旨在全面守护古村落的历史文化底蕴与风貌特色，追求长远的经济回报，杜绝未经规划的随意搭建与粗放的过度开发行为。同时，需依托科学手段评估古村落的旅游环境承载力，据此设定分季节、分时段的游客承载上限，以规避旅游高峰期过量人流对古村落建筑文化遗产及景观风貌造成的不可逆损害。

在古村镇的旅游发展进程中，必须秉持资源有序发掘与合理运用的原则，将保护置于首要地位，而开发则作为辅助手段。这一过程不仅需要聚焦于维护古村镇有形建筑遗产与自然环境的完整性，确保不损害其整体自然景观的和谐性；更需强调的是对无形文化遗产如民间工艺美术、曲艺表演、风俗习惯等的珍视与保护，通过传承与弘扬古村镇深厚的文化内涵，确保游客能够体验到最为纯正、未经雕琢的古村镇风貌，进而实现旅游吸引力的长期增强。

二、陕南古镇保护与发展的具体策略

（一）保护原有的历史风貌

在陕南地区的古村镇中，鉴于其自然与社会环境的差异性，资源开发与保护策略亦呈现多元化特征。针对各村镇独有的自然资源禀赋、人文景观特色及既有的发展框架，需秉持“量体裁衣”之理念，强化特色凸显与优势利用，顺应发展态势，探索并实践多样化的旅游小镇发展路径。这一过程中，应坚守因地制宜的核心原则，实施与地方实际紧密契合的保护措施，以最大化发挥地域优势，确保旅游资源的保护策略具备高度的靶向性。

针对陕南古村镇中遗存的宝贵历史文化遗产，我们应秉持谨慎与尊重的态度，力求维持其原始风貌的完整性。针对部分已受损、剥落或坍塌的古建筑，应设立专项修复基金，并携手具备丰富经验的建筑修复团队，在确保不破坏其整体结构稳定性的前提下开展科学、有序的修缮工作，力求遵循原有建筑技艺进行恢复，以真实再现历史建筑的独特风貌。

在保护历史建筑风貌的维度上，首要任务是深化居民对文物保护的认知，明确其作为文化遗产守护者的责任，引导其规范自身行为。同时，地方政府应制定并执行严格的建筑风貌保护法规，对古村镇内的开发者、经营者、居民及游客的行为进行明确界定与约束。此外，设立专项保护基金，专项用于古村镇历史风貌的日常维护与保养，也是不可或缺的一环。为进一步提升保护意识，可通过设置醒目的标语、警示牌及编制详尽的旅游导览手册等方式，广泛传播保护古村镇历史风貌的重要性与紧迫性。

景区规划要科学布局，拆除不协调建筑，控制游客流量和开发强度，避免过度商业化和人为破坏，保护历史风貌。

（二）完善旅游基础设施建设

陕南地区众多古村镇当前面临的基础设施匮乏现状，显著制约了其满足旅游市场多样化需求的能力，故需从多维度着手，实施一系列建设与改造举措，具体涵盖以下四大关键领域。

1. 道路交通设施

交通基础设施是支撑游客在地域间顺畅且有序流动的核心要素。在当前社会经济发展与民众生活水平攀升的背景下，自驾游现象愈发普遍，但其普及度在陕南古村镇区域却因交通条件与服务设施的局限性而遭遇瓶颈。针对陕南古村镇道路交通设施的现存不足，策略上应聚焦于对现有交通资源的深度整合与潜力挖掘，辅以必要的新建与改造项目，旨在构建一套集公路、铁路深入延展，水路、航空协同并进的综合性外部交通体系。此体系需与核心旅游村镇及标志性景区的交通主干线、内外环线路网紧密衔接，共同塑造出外部交通“高效等级化”、内部交通“多元模式化”的旅游交通网络架构，以全面优化游客体验，促进自驾游在陕南古村镇的繁荣发展。

2. 餐饮住宿设施

在具体实施层面，务必兼顾旅游产业的成长需求与古镇独特魅力的彰显，同时深入考量游客群体的多元化期待。在餐饮服务维度，需精心呈现陕南古村落独有的饮食文化风貌，融入诸如米面皮、凉粉、浆水鱼等地域特色鲜明的佳肴,以飨食客。

至于住宿安排,则应力求在保留陕南古村镇浓厚历史韵味的同时,确保为旅人提供静谧、惬意、井然有序且卫生状况良好的休憩环境。陕南古镇的建筑形式多样,包括石头房、竹木房、吊脚楼、三合院和四合院等,这些类型适应了复杂的地形地貌。此外,在餐饮与住宿设施的规划布局上,应采取适度调控策略,限制当地居民直接在其历史悠久的住宅内开展商业化的餐饮住宿服务,以避免过度商业化对古镇原生态风貌的侵蚀。相反,应鼓励将此类服务设施主要设置于古村镇的外围区域,从而在保护古镇核心区域历史风貌的同时促进旅游服务设施的有序扩张与游客体验的优化。

3. 购物设施

陕南地区以其丰富的野生中草药资源著称,该资源宝库为市场供应了诸如天麻、党参、杜仲以及黄连等珍贵中药材,此外还盛产如香菇、核桃、黑木耳与紫阳毛尖等享有盛誉的地方特色农产品。转至旅游纪念品领域,陕南地区在编织工艺与美术创作方面展现出了卓越的技艺水平,其手工艺品市场供应涵盖了竹编、藤编、草编以及刺绣等传统工艺精品,充分展现了地方文化的独特魅力。[①]

在陕南古镇,游客不仅可以欣赏到精美的手工艺品,还可以亲身体验制作过程,享受互动购物的乐趣。古镇拥有丰富的购物场所,包括特色商店和商业街,销售手工艺品、当地美食和土特产等。游客可体验互动购物,如手工艺品制作和茶叶品鉴,享受购物乐趣。商店提供购物指导和免费包装服务。购物设施具有地域特色和文化内涵,价格亲民,交通便利,便于游客到达和购物。这些购物场所不仅为游客提供了丰富的选择,也成为展示陕南地区文化与传统的重要窗口。

(三)采用多元化的宣传营销战略

陕南古镇以其历史文化、自然风光、民俗风情、美食、便捷交通及舒适的住宿吸引游客。古镇如青木川、棣花、蜀河等,拥有众多古建筑、名

① 张阳,龚先洁,杨望暾,等.陕南古村镇旅游发展策略探析[J].西安建筑科技大学学报(社会科学版),2015,34(1):31-35.

人文化、传统手工艺和民间艺术。特色美食如青木川的辅唐宴等，为游客提供了味蕾的享受。交通和住宿条件的不断改善，使得游客可方便到达，享受到古镇的现代舒适与古朴结合的住宿体验。在当代生态旅游中，旅行社依旧扮演着引领游客洞悉旅游镇风貌的关键角色，团队游客则构成了旅游镇客源结构的核心板块。为吸引更多游客可制定如下策略：其一，针对团队游客的特定偏好与需求，定制化设计旅游产品，策动高效且具有吸引力的旅行社营销策略，旨在实现精准营销与优惠激励的双重效应。其二，为强化市场渗透力，应采取多元化宣传策略与多渠道营销布局。具体而言，可充分利用互联网平台的广泛影响力，在主流网站发布陕南古村镇的独特旅游资源信息，凸显其历史韵味与人文魅力，以期吸引更广泛受众的注意。同时，融合多种媒介形式，如大型庆典活动、影视作品植入、报纸杂志专栏、公共交通广告等，多维度展现古村镇风貌，有效提升其知名度与公众认知度。在营销层面，应积极拥抱网络营销新趋势，推行在线预订与团购优惠，进一步拓宽市场边界。此外，还应积极寻求与实力雄厚的旅游批发商建立合作，利用其广泛的分销网络与推广平台，深化古镇旅游资源的市场推广与品牌建设。同时，在重点客源城市设立大型咨询服务站点，为游客提供便捷的问询服务，以增强旅游体验的连贯性与满意度。

（四）深度开发，走多元化发展之路

鉴于现代旅游业的蓬勃兴起，传统单一化的观光旅游模式正面临不可避免的转型需求。当前，陕南地区古村镇旅游普遍遵循的同质化观光模式仅限于引导游客浏览古建筑与旧宅，缺乏深度互动与体验环节，长此以往，易导致游客审美饱和，进而削弱陕南古村镇作为旅游目的地重访的吸引力。

在审视陕南古村镇既有资源的基础上，可积极借鉴浙江古村镇旅游发展的成功范式。步入新时代，陕南古村镇的旅游开发应稳固观光旅游的基石，同时巧妙融合当地得天独厚的自然风光与深厚的文化底蕴，探索多元化旅游业态的拓展路径。具体而言，可适度引入休闲度假游、民俗风情游、农业体验游及生态探险游等丰富形式，并巧妙融入陕南民歌等非物质文化遗产的现场演绎，以此赋予游客更为沉浸式的古镇古村体验，激发其探索欲与新鲜感，有效延长游客驻留时间，从而为当地旅游

经济注入更为强劲的增长动力，实现旅游收益结构的优化与升级。

（五）鼓励全民参与

在古村镇旅游发展中，居民是旅游资源的持有者和旅游红利的受益者。陕南古村镇居民普遍缺乏旅游资源的法定所有权，这限制了他们参与旅游开发的能力，影响了他们分享旅游经济和社会效益，降低了他们对旅游开发的积极性，阻碍了旅游资源的全面和可持续利用。

为解决这一问题，政府需要采取措施，让居民深度参与旅游开发和保护，培养他们的“主人翁”意识，激发他们保护文化遗产和自然景观的责任感，并鼓励他们维护古镇的历史风貌和生态环境。政府应开放渠道，使居民成为旅游开发的积极参与者。

政府还应支持居民在旅游服务领域的创业，提供政策扶持和专业技能培训，提升服务品质和竞争力，帮助他们在旅游市场中立足。

同时，政府应加强对陕南地区非物质文化遗产的扶持，通过政策和资金支持促进其传承和发展。这不仅能丰富旅游文化内涵，提升吸引力，还能创造就业机会和增收渠道，激发居民对旅游开发的热情，为古村镇旅游的持续发展打下坚实基础。

第五节　文化景观保护视角下陕南古镇景观更新策略

古镇作为“文物特别丰富并且有重大历史价值或纪念意义的城镇”，是人类宝贵的文化遗产。古镇的文化景观是古镇发展历史的缩影，映射着不同时段区域内的经济、社会、文化等方面的发展状况，是古镇文化的重要载体。党的二十大指出，“要繁荣发展文化事业和文化产业，加大文物和文化遗产保护力度，加强城乡建设中历史文化保护传承。”陕南古镇以文化景观的保护为切入点对古镇进行环境更新，是古镇文化景观更新的典型参考。陕南古镇在古镇文化景观更新的实践中梳理了文化资源与现状问题，并从保护与更新两个角度提出发展建议，延续了古镇景观的文化性与唯一性,也增强了对陕南地区传统聚落文化多样性的保护和对文化生态环境的保护,为诸多古镇现存的文化景观保护与旅游资源开发提供了系统化的发展思路。

一、陕南古镇文化景观的现状

陕南古镇文化景观的保护存在着重效益,轻保护,泛展示的问题,重于形而疏于质,缺乏深层次的文脉保护意识与文化发掘意识,在经济发展中对于古镇的文化发展仍处于"说起来重要,做起来次要,忙起来不要"的偏废状态,对古镇文化景观的保护需尽快提上日程。

(1)保护现状:旧时陕南古镇选址临近长江水系及其支流,水路繁华,上通下达,为多数古镇成为重要的商贸集镇提供了必要条件,也吸引了长江流域与黄河流域众多移民,为古镇带来了丰富的贸易资源与文化资源。而随着现代城镇化进程的加速,水上交通重心向陆上交通的偏移,古镇逐渐失去了早期的资源红利,面临着可达性弱,空间格局碎片化,基础设施与经济水平落后,居民外迁空心化等窘境。

(2)发展现状:多数古镇急于经济发展,照搬其他古镇的发展模式,致使古镇文化面临着经济发展与文化保护的失衡化。大量的文化景观被商业景观置换,加剧了商业开发过度,泛旅游化的古镇风貌趋同现象,导致古镇在衰败的基础上又产生了历史人文割裂感,文化内涵缺失,文化遗产传承断层等一系列新问题。以石泉县后柳古镇为例,在发展过程中由于对水运文化的片面解读,修建与古镇风貌严重不符的现代高层建筑"扬帆酒店",试图以此作为"标新立异"的古镇新地标,导致古镇整体格局涣散,与周围自然景观严重失调。

二、关于陕南古镇景观更新的现有研究方向分析

(一)多学科的理论研究为古镇文化景观保护提供支撑

近年来为了保护原始性的古镇传统文化,文化与景观的地域性与独特性开始被不断强调,重视古镇文化表达的在地性与文脉性已经被许多学者所关注。针对陕南古镇文化景观保护的相关研究,围绕文化地理

学、建筑学、生态学、考古学等诸多学科范围,涌现出多种研究思潮,如针对陕南古镇文化基因的生成、分类与符号表达特征研究、聚焦于对传统建筑的建筑形态与建筑院落空间文化保护研究、基于古镇景观生态格局提出的对聚落整体格局保护的研究等。经过十几年的摸索,陕南地区对于古镇文化景观的保护性研究已经初露端倪,许多文化景观通过梳理发掘,被无形中保护、传承、更新,虽然有些还处于消亡的边缘亟待发掘,但是这些研究为古镇文化景观保护与发展提供了重要的理论支撑。

(二)多视角的实践研究为古镇景观更新提供借鉴

古镇景观设计实践研究多集中于建筑科学与工程学科,视角呈现多样化趋势,如从基于建筑遗产的保护与更新视角,研究古镇传统民居、历史建筑的营建技艺、艺术形态表现,对其进行创新性保护;或依托古镇旅游资源开发特色旅游小镇,借助古镇的文化效应带动古镇的场域活力;又如基于古镇本土文化视角,如船帮文化、会馆文化、农耕文化等,通过创新性转化运用融入古镇的景观更新实践中去。已有的实践研究涵盖范围广泛,但研究视野多局限于物质空间层面的静态设计,有些忽略物质性与非物质性的结合。另外,实践选取的古镇大多特征突出,文化与景观资源条件优越,基础设施相对完善,不具有普遍性,未能涉及陕南古镇整体环境的保护与发展措施,在古镇的环境更新上仍缺乏系统的设计方法。

(三)文化景观保护视角下的陕南古镇设计取向

基于陕南古镇现有的文化保护与景观更新的理论与实践研究得出以下需要完善的方向:(1)环境更新需要建立在古镇的文化基础之上。古镇的发展需要有更加明确的定位,应依托其文化景观的类型来具体分析古镇核心的文化景观主体,不能一概而论“大拆大建”,从实际需要进行有针性对的“微更新”。(2)古镇景观更新要在局部、静态物质层面提升,向整体、活态精神层面发展转变。古镇的发展在注重基础设施、建筑外观等物质方面改善的同时不能忽略文化的整体性、生态性、文化性、精神性。(3)要从动态、持续等层面考量,建立完整系统的更新策略,为其他古镇的文化与生态文明体系建设提供基点,推动古镇原真文化保护和经济发展兼具的更新模式。(4)整合古镇之间的关联性与耦合性,扩大区域范围内单一古镇的文化影响覆盖面,打造“一线多点,千镇千面”的文化网络,继而推动古镇文化振兴与经济振兴。

三、文化景观保护视角下陕南古镇环境设计的发展路径

(一)保留文化基底:文化景观元素的适应性保护与更新

古镇作为聚落类型的文化景观,其发展的核心首先在于保留场地的文化基底,保护与展示区域文化与自然遗产。故要想保护古镇聚落景观文化,首先应从“文化结构与景观类型,地理特征与人文特征,景观形态的深层哲理,景观与社会文化的关系,景观的艺术文化性”等多个角度对古镇的文化景观特质与要素进行深入剖析,确定需要保护的关键性文化景观与载体,提升古镇传递本土文化的能力。现将古镇文化景观元素从以下三个方面进行保护研究。

1.保护与发掘区域内现存的物质性文化遗产

古镇内的古建筑是有意设计和创造的文化内容,体现了艺术与科学技术相结合的造物文化史。这些建筑聚落,石窟石刻,古戏台,古墓葬等文化残遗物,是古镇文化价值的最直观依据,也是场地文化活动与思想理念的证明。保护更新物质性遗迹,应重视整体风貌的完整性。对保护相对完好的建筑遗产,采取最小干预,最大复原的措施,保护文物的原真性。对保护不当已不具备使用功能的建筑遗迹,应完善其理论资料,尽力进行实物修缮,并尝试融合古代工艺与现代思维,探索“对比性和谐”的新型保护方法。同时,还要探寻新的展示方式,串联起古镇历史遗迹,缓解古镇物质性文化内容碎片化现状。

以恒口古镇为例,建筑是其主要的物质文化主体,发展重点应为传统建筑保护性修复,只有将发展定位与传统的建筑聚落保护相结合,才能合理有据的复原旧时古镇文化的繁荣盛景。

2. 维护历史自然资源的可持续演进

由于地理优势和古代依山傍水的营造观念，许多古镇都建立在自然基础优越的地带，这些地带往往具有古树，台塬、溪流，农田、湿地等自然景观，能较好地衬托文化景观元素的历史风貌，生态与观赏游憩价值极高。对于植被与生态的恢复设计，应进行适应性更新。对于恢复与重建自愈能力无法满足生态系统良性循环的区域，具体措施包括水体治理、土壤改造与植被恢复等，构建涵盖湿地与水域系统的自然保护网络。此外，还要强调自然环境元素的文化性，深入研究自然要素在古镇景观文化中的作用，对景观生态氛围进行有效解读。通过自然资源的有效衬托，加强古镇文化特征的保护，进而强调水系与沿岸土地的历史可读性。

3. 为非物质文化的传承提供传播土壤

在古镇人文历史与社会环境作用下形成的非物质形态景观元素，体现了文化的真实性。这些本土非物质文化，如漫川关古镇的古镇灯会与新春民间艺术节，恒口古镇的秦腔汉剧、皮影戏、汉调二黄等，对于古镇多文化结构体系的构建有着不可或缺的作用。因此，保护延续非物质文化遗产，首先要梳理其内容、分布、历史、现状及保护价值等，避免出现文化官方化、庸俗化而非遗文化逐渐没落的现象。其次需要拓展传播媒介，提供传承场所，提炼文化元素与符号，对民间艺术进行适应性创新，以增强其实用性。只有进一步解读古镇文化在时间和场所上的关联，保护其传播土壤，才可真正与居民日常生活相融，从而重塑场地风貌，让政府与居民共同作用于古镇文化的多样性构建。

(二)激发场域活力：社会资源与本土资源的有序融合

因古镇的整体繁荣与自然宜居的生活环境、商业要素、社会要素、旅游业的参与密不可分，故古镇场域更新的重点在于场所特征，场所精神与生活的延续涵盖了居住空间的改善、传统文化的再应用和社会资源的合理推动。

1. 契合传统空间与现代需求

古镇环境更新要充分考虑其人口与产业结构、环境承载力、原住民需求等,明确阶段性的发展定位。对于古镇的居住空间,设计改造应尽可能遵从“最少干预原则”“可塑性原则”“可识别性原则”,建筑主体与表皮应以本土材料为主,强调传统技艺与建筑元素的传承,注重内部空间功能的更新,最大程度实现传统民居的可持续利用。

对于古镇的公共空间与文化空间,要从使用全龄化、功能多样化、形态灵活化的设计思路入手,重视生态环境营造,避免过分解读古镇需求,最大程度地在原有空间基础上进行针对性设计。在设计时应将居民的现代生活需求融入设计的空间模式和表现形式之中,增强居民认同感与归属感,同时实现古镇传统空间与现代需求的结合。

2. 连接新生载体与传统文化

环境更新的总目标来源于古镇文化的传承与表达,故古镇的景观需建立更好的文化叙事机制,以崭新的形式与更好的平台再续传统。首先,在景观表现上,必须重视参与者的感知过程。设计改造需选出具有传播价值的元素进行表现,将古镇相关的传说、传记、习俗以及民间艺术等非物质文化元素有机融入景观,切忌一味追求标新立异而忽略中国传统定式、经验式、诗性的思维逻辑。其次,在文化传播上,设计需有意借助行为互动、IP 搭建、多媒介宣传、文创作品转化等多种讲述方式,进行多渠道、多层面、多形式的古镇民俗文化传播,更好地促进文化艺术产业与旅游产业的融合。

3. 平衡居民生活与商业发展

在景观更新中需要平衡居民生活与商业活动,进行合理的商业运营与植入。要创新古镇的商业模式,提升服务质量,创造有地域特色和文化基因的产品,使其成为当地居民与外地游客都喜闻乐见的独特记忆。对于商业空间分配,需采取点状业态融入的方式,与原住民的生活融合共生,提高空间使用价值,如将老旧危房改造为传统文化与商业元素结合的手工技艺研习所等，减小新兴业态对于原始业态的冲击。

（三）实现文脉拓展：形成线性廊道串联文化景观网络

多元共存的文化体系是文化认同感的来源，也是古镇经济发展的永续动力。陕南各市积极开展各项旅游招商项目，"文旅赋能""全域旅游"的主题已经成为陕南各地发展一剂强心针，无论是商洛市打造的三条精品旅游廊道，还是汉中市打造"文旅在汉中"的城市品牌，都表现出许多村镇希望能够借助旅游业与服务业来带动当地的经济文化发展。文化发展具有扩散性与渐进性，古镇的文化传播不应仅停留在当地范围内进行，应形成完善的文化路径，让古镇文化景观要素带动周围次要景观区域的价值提升，以点到面到线，与周围文化旅游资源形成文化脉络的串联。还要进行文化的动态扩散，为发展全域旅游，培育文化产业，塑造各村镇特色文化品牌打下基础。只有借助多元文化实现陕南地区的全面贯通，才能够书写陕南古镇"文化文物保护、公共文化繁荣、精品文化创作、文化产业发展、对外文化传播"五位一体的新篇章，加快把文化文物资源优势转化为古镇经济社会发展优势。

总之，基于文化景观保护的陕南古镇景观活化策略，不仅能够为古镇与周围文化旅游村镇未来的发展定位带来宽阔的视野，还能维护地方的社会凝聚力、功能多样性、经济活力和价值多样性。延续历史文明，创造舒适宜人的自然环境，是古镇景观设计的出发点，而带动文化发展与促进经济提升才是其最终落脚点。在古镇发展中，只有建立起文化景观保护与传播的整体意识，实现古镇发展与居民生活融合共生，才能将古镇从单一的生活空间推向更注重物质精神遗产和民众社会生活的和谐发展空间。

第六章　陕南古村镇景观构成与旅游开发研究

本章旨在对陕南古村镇景观体系的构成元素及其内在蕴含的旅游发展潜力进行深入的剖析与探讨。本章的首要任务在于解析陕南地域文化的独特底蕴，并探讨在这种文化背景下对古村镇保护传承所产生的深远且复杂的影响。进而，通过详尽的考察与分析，深入挖掘古镇的旅游资源与景观风貌的多样性，揭示其融合自然美景与人文底蕴的独特吸引力。在此基础上，进一步探讨如何将这些富含文化底蕴的景观元素转化为富有吸引力的旅游资源，在保留深厚的历史韵味的同时，赋予陕南古镇新的现代旅游价值，实现历史与现代的和谐共生。

第一节 陕南地域文化底蕴与古村镇保护现况

一、陕南地区文化底蕴

（一）自然山水环境特质

陕南，作为一个特定的地域称谓，坐落于陕西省的南端，在地理学上的范畴广泛涵盖了陕西省南部的秦巴山脉区域，因而常被誉为“陕南山地”。陕南地区北依关中平原，南接四川盆地与湖北省界，东西两侧分别与河南省和甘肃省接壤。从行政划分的视角审视，陕南涵盖了汉中、安康、商洛这三个市级行政区域，共同构成了所谓的“陕南地区”，此区域亦为陕西省内三大主要地理单元（即陕北、关中与陕南）之一。回溯历史，古代时期，连接关中与蜀地的重要通道——褒斜道与子午道，以及通往长江流域的武关道，均穿越了这片土地。

1.“两山夹一川”的整体格局

陕南地区，北依巍峨秦岭，南邻连绵大巴山脉，地形地貌复杂多变，山脉体系尤为壮观。区域为汉江、嘉陵江、丹江等多条水系蜿蜒流淌纵横交错勾勒出河谷与盆地的独特风貌，共同构成了“双山环抱，一川中流”的自然景观。

“双山”即秦岭山脉与巴山山脉。秦岭山脉，这条横亘东西的巨龙，绵延约800公里，横向宽度广，约达200公里，海拔自2000米至3500米不等。秦岭山脉不仅是关中平原与陕南地区的天然分界线，更是一道坚不可摧的自然屏障。而巴山山脉，约300公里，虽长度略短于秦岭，但其海拔同样在2000至2500米之间，它宛如一道天然的防线，明确划分了陕南与四川的地理界限，进一步彰显了陕南地区独特的地理位置。

所谓“一川”,即指汉江流域所滋养的广袤盆地。这里土壤肥沃,水资源丰富,为农业生产提供了极为优越的自然条件。汉江之水滋养了这片土地,使得陕南地区成为一个物产丰饶、人杰地灵的地方。

图 6-1　汉中青木川古镇

2. 纵横交错的汉丹诸江

在陕南地区,水系网络错综复杂,主要由汉江、丹江及嘉陵江等主干与支流交织而成。汉江作为长江的重要次级水系,全长约 1530 公里,其中流经陕南地区的河段占据了约 730 公里的长度,自西向东蜿蜒而下,最终汇入浩的长江之中。丹江,汉江流域内一条显著的支流,发源于商洛之地,全流域长约 443 公里,在陕南段的长度达到了约 240 公里。

除此之外,陕南地区还散布着诸如金钱河、乾佑河、旬河等次级水系,这些河流如同毛细血管般深入巴山秦岭的腹地,共同编织成一张复杂而精细的水网。这一水系布局不仅为陕南地区带来了丰富的水资源,还极大地促进了该区域的水路交通与物资运输,成为推动当地经济社会发展的重要支撑。

3. 气候环境

在陕南区域，气候状况显著受到其独特的地理格局，即“两山夹一川”地形的影响。该地区南侧由巴山构成自然屏障，北侧则由秦岭山脉所环绕，这一地形特征促使陕南地区海拔急剧变化，形成气候的多样性。与关中和陕北地区相比，陕南的气候特征具有显著的差异性。具体而言，陕南中部的盆地地带主要呈现亚热带湿润气候的特点，而山区则多表现为暖温带湿润气候。陕南地区降水充沛、四季分明，年均气温在 13℃至 15℃之间，年均降水量介于 700 至 1000 毫米。在这些气候条件下，浅山河谷地带尤为温暖，为人们提供了宜人的居住环境。

（二）历史人文环境特质

1. 历史沿革

汉中、安康、商洛三市均位于陕西省南部，拥有悠久的历史和深厚的文化底蕴。汉中市在夏至西周时期先后属梁州、雍州，春秋战国时为南郑地，秦始置汉中郡，后经历多次变迁，至 1996 年设为地级汉中市；安康市自石器时代起就有先民活动，夏属梁州，商周为庸国封地，春秋战国时期被秦、楚、巴三国分割，后属汉中郡，至 2000 年设为地级安康市；商洛市在旧石器时期已有先民活动，夏商时期属豫、梁二州，春秋属晋，战国为秦地，秦汉时期分属弘农郡和汉中郡，隋唐时期为商州，明清时期属陕西省，2001 年设立地级商洛市。三市在历史上均经历了多次行政区划的调整，最终形成了现今的地级市建制。

2. 民俗文化

陕南地区位于秦陇、巴蜀和荆楚文化的交汇点，文化多样复杂。汉中西北受秦文化影响，南北则显巴蜀特色，东北和安康北融合秦巴文化，东南和西南则三者交融，安康东南以荆楚巴蜀结合为特点，商洛北主秦文化，中融合秦荆楚，南以荆楚为主。陕南民俗风情丰富，体现在物质和非物质文化遗产中，如汉中的梆子戏、陕南民歌，安康的汉簧二调和旬阳民歌，商洛的花鼓和花灯等，都展现了深厚的文化底蕴。

（三）社会经济环境特质

1. 人口

人口规模作为衡量一个国家和地区社会发展的维度，同时也是社会与经济发展水平的关键指标之一。历史上，陕南地区因战乱、瘟疫和移民潮等因素，人口经历了多次波动，直到民国末期才逐渐稳定。就人口空间分布而言，陕南人口主要集聚于低海拔地带，尤其是汉中盆地与安康盆地两大区域最为集中。人口分布的不均衡性，在一定程度上对陕南地区各类产业的均衡发展构成制约，进而成为诱发区域内经济与社会发展不均衡现象的重要驱动力之一。

2. 经济与产业

鉴于陕南位于南北商贸往来的节点位置，且其固有的自然地理条件构筑了一定程度上相对隔绝的地理空间，这一特性为陕南地区的经济与社会进步提供了较为稳定的外部环境。从产业构成的视角审视，尽管陕南区域不乏商品经济交易的蓬勃景象，但多数地域因受限于交通通达性及人口规模，经济发展遭遇显著瓶颈，这些区域普遍以农业种植为核心产业支柱，涵盖农作物栽培、畜牧业及山林资源利用等，经济基础相对薄弱。此外，在交通条件优越、土地资源充裕的区域，第二、第三产业蓬勃发展，其经济贡献已超越第一产业，成为陕南经济体系的主导力量。近年来，政府针对陕南地区实施了一系列经济激励措施，并全力推动乡村振兴与新型农业产业的创新发展，有效促进了陕南地区经济水平的稳步提升与全面发展。

二、陕南地区不同古村镇的保护现状

（一）青木川古镇

青木川古镇，作为陕南地区古村镇保护与复兴的先驱典范，享有广泛的声誉与影响力。自 2008 年起，该古镇逐渐步入公众视野，并被授予省级文物保护单位的荣誉，标志着其保护与复兴工作的正式拉开序幕。在这一过程中，政府积极策划并实施了一系列保护与发展策略，旨在确保古镇的原生环境与文化风貌得以完整保留与传承。[①] 如《宁强县青木川镇历史文化名镇保护规划（2019–2035）》制定了“延续古镇脉络、复兴文化内核、弘扬名镇特色”三大保护发展目标，坚持“于时代中保护，于保护中传承，于传承中发扬”的保护与建设理念，创新性提出了“建档—保护—修复—展示—传承”的全过程引导式保护措施，对古镇进行真实、有效的保护，支持青木川历史文化名镇有序健康发展。

在古建筑的修缮与维护方面，政府采取了极为审慎的态度，严格遵循专家学者的专业指导与建议，以防止任何可能导致的二次损害，确保每一座古建筑都能在历史的长河中得以延续其独特的魅力与价值。同时，在商业发展方面，也实施了科学的游客流量控制措施，合理承载古镇的接待能力，避免过度商业化对古镇原生态的侵蚀，有效促进了古镇的可持续发展与繁荣。

通过上述一系列措施的实施，青木川古镇不仅成功保留了其深厚的历史文化底蕴与独特的自然风貌，更在现代化进程中焕发出了新的生机与活力，成为我国古村镇保护与复兴的典范之作。

（二）双河口古镇

陕南地区地形以山地为主，陆路交通条件相对受限。在此背景下，双河口古镇凭借水陆联运交通优势，逐渐成为陕南地区的商贸中心，商贸流通活动不仅成为推动当地经济繁荣的主导力量，还促进了多元文化的交流与融合。古镇内的街巷布局与古建筑群保存状况良好，不仅反映

① 王桂莉．陕南古镇的保护与发展研究 [D]. 西安：西北大学，2011：42.

了当地居民的生活面貌，还承载着丰富的历史文化信息。

当前，针对双河口古镇的保护与发展工作主要集中在老街区域，相关规划蓝图旨在通过发展旅游业这一途径，来弘扬古镇的民俗文化及非物质文化遗产，实现文化传承与经济发展的双赢。然而，在实际执行的过程中，面临着资金投入不足、基础设施不够完善等问题，导致保护工作的成效尚未达到理想状态。同时，基础设施建设滞后也成为旅游业进一步发展的瓶颈。

（三）漫川关古镇

陕南地域复杂，以山地为主，交通受限，导致漫川关古镇发展滞后，但也完整地保存了自然风貌与历史文化。古镇老街与古建筑群独具魅力，尤其是会馆建筑如骡帮会馆与武昌馆，反映了往昔社会结构与文化生态。会馆建筑承载地方文化精髓，展现生活习俗与风土人情，融入陕南民居特色，遵循中轴线原则，就地取材构筑了独特风貌。

近年来，随着对文化遗产保护意识的增强，漫川关古镇逐渐受到了社会各界的关注与重视，骡帮会馆等重要建筑更是被列为重点文物保护单位。在古镇的发展过程中，当地采取了保护优先、旅游牵引的发展策略，旨在通过旅游开发带动古镇的经济发展，同时提升居民的生活质量与经济福祉。通过经济回馈的方式，进一步强化了对古镇文化遗产的保护力度，为古镇的长远可持续繁荣奠定了坚实的基础。

第二节　陕南古镇旅游资源及其文化景观分析

一、陕南古村镇旅游资源分析

（一）数量特征

陕西省古村镇旅游资源丰富，总数达 204 处，其中陕南地区以 87 处领先全省。陕南地区的古村镇资源中，安康市以 36 处资源居首，占全省 17.65% 和陕南 41.38%；汉中市有 23 处，占全省 11.27% 和陕南 26.44%；商洛市有 28 处，占全省 13.73% 和陕南 32.18%。安康市在古城镇和古村落数量上均领先，汉中市和商洛市数量相近。[①]

（二）类型特征

陕西省的古村镇类型可细致划分为三大类别，具体涵盖古村落、古（城）镇以及古建筑群落。进一步分析，古建筑群落这一大类又可细化为多个子类，包括但不限于院落式故居、宗族祠堂、戏剧舞台建筑以及乡村庙宇，这四者共同构成了古建筑群落的丰富内涵。

1. 各类型资源的数量特征

在陕南地域内，存在显著数量差异的三大类别资源为古城镇、古村落及古建筑群落，其数量分别为 8 处、7 处及 72 处。其中，古建筑群落数量占据绝对优势，占据了陕南古村镇旅游资源总量之 82.76%，同时在陕西省整体范围内亦占据 35.29% 的显著比例。相较之下，那些保存状态较为完好的古村落与古城镇资源则显得较为稀缺，仅占据陕南古村镇旅游资源总量的 17.24%，并在陕西省内总体占比中仅达 7.35%。此现象深刻映射了传统建筑遗产的普遍特性，即大量存在的往往是零散分布、规模较小的建筑或建筑群，而能够完整保留、规模宏大的聚落则显得尤为珍贵且难以持续存续。

在古建筑群旅游资源的细分范畴内，院落故居作为核心构成部分，共计 29 处实例，这一部分在陕南古村镇旅游资源总体中占据显著地位，达到 33.33%，而相对于陕西省域内的同类资源，其占比则为 14.21%。紧随其后的是祠堂类旅游资源，共计 28 项，其在陕南古村镇旅游资源中的比重为 32.19%，在全省范围内亦占据 13.73% 的份额。进一步考察，戏楼类资源虽数量上略少，但仍以 13 项实例展现出其独特魅力，占据陕南古村镇旅游资源总数的 14.94%，并在全省范围内贡献了 6.37% 的占比。至于村庙类旅游资源，则以其稀缺性著称，仅有两处实例，在陕南古村镇旅游资源中占比 2.30%，而在全省范围内则更为罕见，仅占 0.97%。

① 薛亮，张海霞，赵振斌．陕西省古村镇旅游资源特征及其开发对策研究 [J]. 干旱区资源与环境，2008（3）：123-127.

2. 各类型资源的主要分布特征

陕西省内古城镇旅游资源丰富，共有 8 处景点，占全省旅游景点总量的 28.57%。安康和汉中各占 10.71%，商洛占 7.14%，分布均衡。安康地区在古村落资源中占主导，有 4 处，占全省 11.76%。商洛有两处，占 5.88%，汉中一处，占 2.94%。古建筑群共 72 处，占全省 50.3%，分布广泛。安康地区院落式故居有 16 处，占全省 11.27%；商洛地区祠堂建筑 12 处，占 8.46%，戏楼与村庙共 9 处，占 6.34%。

3. 各地区内部资源类型组合特征

安康地区古村镇旅游资源极为丰富，总计达到 36 处，在陕南区域内占据显著优势地位，是陕南地区旅游资源的重要集聚地。具体而言，该地区的古城镇数量为 3 处，这一部分在全省古城镇总量中占据了 10.71% 的份额；古村落则有 4 处，占全省古村落总数的 11.76%；此外，古建筑群更是多达 29 处，占据了全省古建筑群总量的 20.42%。[①]

紧随其后的是商洛地区，其古村镇旅游资源总量位居第二，共有 28 处。其中，古城镇数量为 2 处，占全省古城镇总数的 7.14%；古村落为 2 处，占全省古村落总数的 5.88%；古建筑群则达到了 24 处，在全省古建筑群总量中占据了 16.90% 的比例。

而汉中地区的古村镇旅游资源则位列第三，总数为 23 处。其中，古城镇的数量与安康地区相同，为 3 处，占全省古城镇总数的 10.71%；但古村落数量较少，仅有 1 处，占全省古村落总数的 2.94%；古建筑群则有 19 处，占全省古建筑群总量的 13.38%。

陕南地区的古村镇之所以展现出如此丰富的旅游资源保有量，可归因于它们各自独特的地理位置与历史发展脉络。具体而言，这些古村镇的保存状况良好，源于以下几方面因素：一者，它们坐落于古代乡村经济与文化相对繁荣的地带，即商洛区域，然而近现代以来，随着交通网络的重构，该区域并未成为新的交通枢纽，从而避免了大规模开发与现代化冲击；二者，汉中地区的古村镇因地处相对偏远且地理上较为孤立

① 孙媛媛 . 陕南古村镇景观构成及其旅游开发研究 [D]. 西安：陕西师范大学，2007：16.

的环境之中，这种隔绝状态有效减缓了外界变迁对其传统风貌的侵蚀；三者，安康地区的古村镇则巧妙地坐落于地形复杂、自然屏障显著的微环境内，这种天然屏障不仅为其提供了安全保障，也间接促成了文化传统的独立演进与完整保留。

（三）品位特征

国家所构建的评价机制，其显著特色之一在于其综合性的考量视角，即将资源的独特性与潜在的旅游开发效益有机融合，并对之进行评估。这一做法不仅凸显了旅游资源在促进地方经济发展中的重要作用，也为资源的合理开发与可持续利用提供了科学的指导原则。另外，该评价体系巧妙地融合了定性与定量的分析手段，旨在削弱单一评价视角可能带来的主观偏见，确保对旅游资源品质的评判能够更加全面、客观且精准地反映其真实面貌。

在陕西省针对旅游资源的系统性调查与评估进程中，采用了现场即时评估与小组集体审议的双重模式，其通过汇总多位参与者的意见并计算其均值而得出，评价结果旨在提供一个能够客观衡量旅游资源品质高低的量化指标。审视评估结果，陕南地区古村镇旅游资源中，达到优质层级（五级、四级、三级）的资源单体共计 10 处，占据全省范围内同类优质古村镇旅游资源总量的 29.31%，显示出一定的稀缺性；而处于普通层级及以下的资源单体则多达 77 处，展现出广泛的地理分布与较大的数量基数。值得注意的是，此系列评估中并未发现达到特级标准的资源单体。进一步分析，这些旅游资源的品质在地域分布与类型构成上展现出以下显著特征。

1. 各地区品位分布特征

在整体评估视角下，各区域古村镇旅游资源的优质比率呈现出显著差异，其中商洛地区表现最为突出，安康地区紧随其后，汉中地区则相对较低。具体而言，商洛地区拥有 4 处被评定为优良级的单体资源，占据了其古村镇旅游资源总量的 14.29%，显示出其较高的资源质量与丰富性。相比之下，安康地区同样拥有 4 项优良级资源，但占比仅为 11.11%，表明尽管资源质量上乘，但总量上稍显不足。至于汉中地区，其优良级单体资源仅有两处，占比低至 8.70%，揭示了该地区在古村镇旅游资源质量与数量上的双重困境。

2. 各类型资源品位分布特征

在陕南区域内，针对其古村镇旅游资源进行深度剖析时，可显著观察到古（城）镇与古建筑群落占据了主导地位，两者均各自有 4 项优质资源，占比均达到陕南整体优质资源池的 40%。相比之下，古村落作为旅游资源，其优质资源显得较为稀缺，仅有 2 项，占比缩减至陕南优质资源总量的 20%。

进一步细化分析各类资源内部构成，古（城）镇类别中，优质资源所占比重高达其资源总数的半数，显示出极高的品质集中度；转观古村落领域，优质资源虽存在，但仅占其整体资源量的 28.57%，反映了一定程度的品质分散性。至于古建筑（群）这一类别，鉴于其总量之庞大，优质资源虽存，却仅占整体的 5.56%，且这些优质资源多以院落故居的形态呈现，凸显了在该庞大基数下优质资源的稀缺性与特定性。

从地域划分的视角审视，各地区的优势高级资源种类呈现出差异化特征。汉中地区显著以古城镇为资源亮点，而安康则侧重于古建筑群落（包括院落、故居等）的丰富性。商洛地区的高级资源在古城镇、古村落以及古建筑群落（涵盖院落、民居等）方面展现出均衡的分布态势。具体而言，汉中地区的高级资源完全由两座古城镇构成；安康地区则以高品位的古建筑群落见长，数量上占据优势，达到三座；商洛地区在高级资源方面，古镇、古村落、古建筑群落（含院落、民居）各占一席，分别为两座古镇、一个古村落以及一处古建筑群落。

转向普通级资源单体，陕南地区的三处地点均以古建筑群落为主导。细观之，汉中和安康地区在院落与民居类型上占据主导，而商洛地区则显著以祠堂与戏楼的数量为最。

综观全局，陕南区域内的三大古村镇旅游资源的品质分布呈现出显著的失衡态势，不仅在地域间，亦在各类资源间展现出差异化特征。鉴于此，旅游开发策略的制定需秉持全面考量之原则，确保东西方资源并重，并依据各地具体条件灵活施策，实现精准化与适应性并进的开发模式。

二、陕南古村镇文化景观分析

(一)陕南古镇的文化景观资源

陕南地区位于南北文化板块结合区域,包括汉中、安康、商洛市在内的31个县区,占陕西总面积的36%,是陕南西北经济走廊,同时也是黄河流域文明与长江流域文明融合地带。陕南现存17个具有一定历史遗存保留的古镇,选址多位于豁口关隘或古道驿站,是古时汉江与丹江沿岸重要商贸集散地。现有文化景观包含内容广泛,依照我国学者对我国文化景观构成元素的划分,将其文化景观元素归结为物质系统与价值系统两大类。

从物质系统的角度来看,文化景观元素主要包括历史古迹、建筑遗迹、遗址旧居等人造建筑遗产,如寺庙、城墙、民居等,时间跨度从石器时代到民国时期。此外,还包括古镇的空间布局、街巷格局、聚落结构等人居环境,以及山水资源、植被等自然环境要素。例如汉中市青木川镇的秦陇古栈道,留坝县留侯镇的留侯祠,石泉县后柳古镇的千年屋包树,丹凤县棣花古镇的宋金议和厅,山阳县漫川关古镇的骡帮会馆等,这些物质元素见证了古镇在文化、政治、经济影响下,与自然环境共同演变的历史阶段。

从价值系统的构成要素而言,其文化景观元素包含了历史背景、历史人物等历史文化,场地使用形式与发展形成的产业文化,以及文化观念、精神观念、审美情趣的精神文化和风情民俗、生活理念的人居文化。如漫川关的秦楚通衢文化,武侯镇的三国文化,青木川镇的人物传奇文化,丹凤县棣花古镇的宋金文化,凤凰古镇的造纸技艺等。这些文化自身由客观或主观因素推动或演变,相继发生或朝某个目标进步,分阶段进行熵增或熵减,都会显示古镇景观不同时期的历史可读性。

总的来讲,过渡性的地理环境温润了陕南地区多元与复杂的区域文化,各个古镇的景观构成元素既有共性的建筑文化、聚落文化、民俗文化等传统文化,也有依托地理环境、移民种类、社会形态等原因造就的独特区域文化,这些文化共同形成了类型丰富的文化景观资源,而对其保护发展对于古镇的文脉传承,以及陕南地区形成完整丰富的文化景观覆盖网络有重要意义。

（二）漫川关古镇文化溯源与文化景观

1. 漫川关古镇的文化溯源

漫川关，一座承载着深厚历史底蕴的古城，其地理位置显要，自古便是秦楚两国的天然分界之处，孕育出了“瞬息跨秦楚，一日越千山”的佳话。追溯至东晋时期，此地已发展为边防重地与经济往来的关键枢纽；南宋年间，更是成为军事战略的焦点所在；而及至明清，其功能则悄然转型，成为物资流通与集散的重要枢纽，见证了商贸的繁荣景象。①

漫川关古镇内，革命遗迹与民俗圣地交相辉映，展现出多元而丰富的文化底蕴。其中，尤为引人注目的当属八大标志性古迹②，它们各自承载着独特的历史故事与文化价值，共同构成了漫川关文化遗产的璀璨篇章。此外，漫川关还以其独特的民俗风情著称。当地民众勤劳质朴，崇尚节俭，对宴席礼仪尤为重视，展现了深厚的礼仪文化。同时，传统艺术形式在此地亦十分活跃，为这片土地增添了无限生机与活力。

2. 漫川关古镇文化景观描述

位于陕西省商洛市山阳县东隅的漫川关古镇，地处距县城约 40 公里之遥的群山环抱之中，水系蜿蜒贯穿其间，构建出一幅自然与人文交织的画卷。该古镇的空间布局独具匠心，以一座巍峨的牌坊为起始，巧妙串联起服务中心、开阔广场、历史悠久的古建筑群落、繁华的商业街廊以及充满活力的互动街区，这些共同编织成一幅多元融合的空间结构图景。

古镇的街巷布局狭长而深邃，其中尤以“蝎子街”的曲折蜿蜒与“石子路”的质朴古韵闻名遐迩，成为古镇独特风貌的标志性元素。建筑群落依山傍水而建，充分展现了古人顺应自然的智慧与审美情趣。其门

① 王旖旎．陕南著名古镇乡村文化景观吸引力评价及其优化研究 [D]. 咸阳：西北农林科技大学，2021：12.

② 即骡帮会馆、鸳鸯戏楼、武昌会馆、北会馆、千佛洞、武圣宫、砧石藏佛经、乔村仰韶文化遗址。

窗设计多朝南，以便充分吸纳阳光与温暖，房舍构造精巧别致，大量采用木板墙与双开门的设计，既彰显了地域特色，又确保了结构的稳固与安全。

图 6-2　漫川关古镇双戏楼

古镇内的古迹遗存丰富且保存状态良好，装饰风格古朴典雅，每一处细节都透露出深厚的历史文化底蕴。对于文物建筑的修缮，秉持着“修旧如旧”的原则，精雕细琢，力求还原其原始风貌，同时辅以雕花绘彩的装饰艺术，使古建筑焕发出新的生机与活力。

在景观营造方面，古镇注重细节的质朴与自然，广场区域设施齐全，为游客提供了充足的休憩与娱乐空间。绿植的巧妙点缀，不仅美化了环境，更增添了几分生机与活力。商业区的管理井然有序，各类商品琳琅满目，为游客提供了丰富的购物体验。值得注意的是，小吃街的卫生状况以及划船项目的安全保障仍有待进一步提升，以确保游客健康和安全。

（三）蜀河古镇文化溯源与文化景观

1. 蜀河古镇的文化溯源

蜀河镇，素有“小汉口”之美誉，系汉江流域上游的一颗璀璨商贸明珠。追溯至明清之际，此地汇聚了众多富商巨贾，促进了文化的深度交流与融合，从而孕育出一个历史悠久的市集雏形。时至今日，诸如永安巷等地名，依旧承载着厚重的历史记忆，成为过往辉煌的见证者。

黄州馆等古建筑遗迹，屹立不倒，它们不仅是砖石木瓦构建的实体，更是昔日经济繁荣、商贸兴旺的生动写照。自明清以来，蜀河镇商业活动蓬勃发展，商铺林立，数量激增，逐渐演变成为一方财富与机遇的汇聚之地。这些古建筑群，大多依山而建、傍水而居，尽管在一定程度上免受了现代化进程的强烈冲击，却难免受到自然灾害如洪水的频繁侵扰，留下了显著的受损痕迹。

在饮食方面，旬阳县（蜀河镇所在地）的饮食文化独树一帜，宴席之上尤为讲究食材的精心搭配与烹饪技艺的细腻展现。此外，蜀河镇还蕴藏着丰富的民俗元素，诸如虎头枕等手工艺品，以其独特的造型与精湛的工艺，成为当地文化的重要载体。

在艺术领域，蜀河古镇受多元文化影响，艺术形式丰富。蜀河古镇的艺术形式多样，汉调二黄和皮影戏等传统艺术深受喜爱，展现了古镇的文化深度和艺术活力。综合来看，蜀河镇是一个历史丰富、商贸繁荣、文化和艺术多元发展的特色古镇。

2. 蜀河古镇文化景观描述

蜀河古镇距县城约 56 公里。建筑群普遍面向西方，依山势层叠而建，以砖木为主要建材，展现出中轴对称的宏伟布局，其规模之宏大，足以与古代官僚体系的园林建筑相媲美。在装饰艺术层面，内外空间匠心独运，巧妙布置石狮、报鼓等雕塑元素，门楣之上，书法墨迹、匾额题字与楹联佳句交相辉映，工艺之细腻，令人叹为观止。

至于景观规划，则以山间步道为脉络，巧妙串联起各个景观节点，将传统民居与现代商业空间有机融合，营造出多样化的水体观赏视角与休闲游憩体验。在景观细节的处理上，更是别出心裁，既保留了古老屋顶上斑驳的青苔与自然生长的植被，又精心修复了石板路径，增设了石质护栏，既保障了安全，又增添了古朴韵味。同时，植物配置上严格遵循古镇原生乡土植物的生态规律，使得四季更迭间，景致各异，引人入胜，营造出一种仿佛穿越时空、与自然和谐共生的视觉效果。

(四)后柳古镇文化溯源与文化景观

1. 后柳古镇的文化溯源

后柳古镇,乡村旅游的典范,展现了开发与保护的平衡。当地政府通过多渠道筹资,推动了文化广场扩建、明珠花苑等基础设施项目,以提高旅游接待和服务水平。古镇内,石阶小径、临江长街和文化地标交织,绘就了一幅充满历史底蕴的画卷。

石佛古寺的古朴庄严、香柏石岩的自然奇观以及仙鱼泉洞的神秘传说,这些景点不仅承载着丰富的历史文化信息,还巧妙融合了当地的民间故事与历史传说,为游客提供了一场穿越时空的文化之旅。

随着乡村旅游的蓬勃发展,后柳古镇的特色美食与绿色农产品也逐渐成为其独特的文化标识。其中,汉江烤鱼以其独特的烹饪技艺与鲜美口感赢得了广泛赞誉,而当地出产的绿色农产品则以其健康、安全的特点吸引了众多游客的目光。此外,后柳古镇还注重红色文化的传承与弘扬。通过设立展示板等形式,生动展现了王范堂将军等历史人物的英勇事迹与崇高精神,为游客提供了一次深刻的爱国主义教育体验。

为了进一步提升古镇的旅游吸引力与影响力,政府正积极筹划并举办各类丰富多彩的民间文化艺术活动。这些活动不仅丰富了游客的旅行体验,还推进了当地非物质文化遗产的传承与发展,为后柳古镇注入了新的生机与活力。

2. 后柳古镇文化景观描述

从地理学空间维度的审视出发,后柳古镇位于江河之滨,山水环抱,展现出得天独厚的自然景观美学。该景区秉承“景致旖旎、休闲沉浸、交通畅达、安全护航”的核心理念,致力于道路景观的绿化与美化进程,同时强化维护与保养机制,提升安全保障措施及周边配套设施服务水平,优化路标指引与环境整治策略,以此来提高景观服务的质量与游客的满意度。

在景观布局层面，后柳古镇展现出独特的资源分布格局，游览路径的规划巧妙而富有创意，多条街区并行不悖且相互交织，辅以广场与节点的点状散布，构建了一个错落有致、互联互通的游览网络体系。其中，高潮节点诸如"古木绕屋"的独特景观、艺术雕塑群落以及火神庙这一历史遗迹，成为吸引游客驻足观赏的亮点。功能区域的划分则紧密贴合街道的自然肌理，服务区、文化保护区及娱乐消费区三者间实现了无缝对接，共同构建了一个功能完备、层次清晰的空间结构框架。

至于景观细节的雕琢，后柳古镇更是匠心独运，致力于营造浓厚的文化氛围与精细化的设计感。白墙黑瓦的传统建筑风格、精心布置的盆栽绿植、洋溢着喜庆氛围的灯笼以及蜿蜒流淌的汉江水。这些元素相互融合，共同绘制出一幅和谐而生动的自然与人文交相辉映的画卷，深刻展现了古镇深厚的文化底蕴与自然景观的无限魅力。

图 6-3　后柳古街

(五)华阳古镇文化溯源与文化景观

1. 华阳古镇的文化溯源

华阳镇,作为一座承载着悠久历史底蕴的城镇,其境内明清时期的建筑遗存丰富,这些遗迹不仅是时间流转的见证者,更是文化深厚积淀的具象体现。古镇内蜿蜒的老街、历史悠久的傥骆古道遗址,以及具有重要革命意义的红二十五军司令部旧址,共同构成了该区域不可或缺的历史文化遗产体系。

回顾往昔,华阳镇曾以其繁荣的商贸活动而闻名遐迩,秦腔戏班的精彩表演更是为古镇增添了几分文化韵味。历经千年的风雨沧桑,华阳古镇依然保持着其独特的风貌和韵味,被誉为“秦岭第一镇”,这一美誉不仅是对其历史地位的肯定,更是对其未来发展的美好期许。

步入当代,华阳镇的发展展现出多元化的趋势,它巧妙地将动植物生态保护、红色文化旅游资源的开发,以及科普教育功能的拓展融为一体,旨在实现文化传承与可持续发展的和谐共生。这一战略定位不仅体现了对地方特色的深刻认识,也彰显了对未来发展方向的远见卓识。

华阳古镇的民俗文化更是别具一格,其饮食、庆典活动以及日常生活中的种种习俗,无不透露出一种质朴而深刻的幸福感。古镇内的特色小吃如神仙豆腐、洋芋糍粑等,以独特的风味吸引着八方来客,成为游客们争相品尝的美食佳肴。此外,原住民沿河洗涤等传统场景也成了摄影爱好者们镜头下的焦点,定格了古镇生活的温馨与和谐。

2. 华阳古镇文化景观描述

华阳古镇,坐落于汉中市华阳镇之境,其地理格局独特,北端地势高耸,南端渐次降低,形成三峰耸立、双溪潺潺的自然风貌,此等地理环境为生物多样性繁衍及文化遗产保护构筑了得天独厚的条件。在建筑布局上,古镇深谙《周易》风水之道,古街区宛如一叶扁舟,悠然停泊于时光之岸,其门面设计匠心独运,偏向一侧,营造出一种纵向深远的空间感,彰显出古代建筑艺术的精妙与深邃。

主街道宽敞开阔，不仅承载着交通往来的基本功能，更融合了商贸、休闲、社交等多重角色，成为古镇生活的核心脉络。而小巷则如毛细血管般交织其间，曲折蜿蜒，为居民与游客提供了便捷通达的路径，增添了古镇的灵动与生机。

图 6-4　华阳古街

宅邸之后，往往精心种植观赏林木，既美化了环境，又寓意深远，体现了人与自然和谐共生的生态理念。在古镇之内，民居、街区、历史遗迹、街巷、石阶、古木参天、牌坊林立，这些文化景观均得到了良好的保护与传承，它们共同诉说着古镇悠久的历史故事，展现出丰富的文化内涵与独特的艺术魅力，令人流连忘返。

（六）青木川古镇文化溯源与文化景观

1. 青木川古镇的文化溯源

青木川古镇，承载着悠久的岁月与深邃的文化积淀，其独特之处在于其多元文化的和谐共生，囊括了氐羌古韵、汉民族传统精髓，以及民国时期特有的“草莽遗风”。此景区鲜明地体现了陕甘川三地域文化的交汇融合，明清时期的庙宇建筑群落密布其间，尤以五座庙宇建筑为标志性存在，彰显着历史的厚重与文化的繁荣。

古镇之内，赵氏与魏氏宗祠巍然屹立，诉说着家族的辉煌与传承；烟馆与荣盛魁等古建筑群则以其独特的建筑风貌，映射出往昔的社会风貌与经济繁荣。回龙场老街更是民国建筑的宝库，遗存超过 50 座，每一砖一瓦都透露着时代的记忆与岁月的痕迹。

此外，黄家院墓葬群的考古发现，观音岩石刻的艺术瑰宝，以及秦陇古栈道的遗迹，均具备极高的科学研究价值。它们不仅是地方历史变迁的见证者，更是民俗文化传承的载体，对于深入探究古代交通网络、民俗风情及历史文化演变意义非凡。

2. 青木川古镇文化景观描述

青木川古镇，坐落于陕甘川三省交界之隅，其古街蜿蜒沿河铺展，全长约 800 米，占地面积广阔，达 15 亩之巨，犹如一颗璀璨的明珠镶嵌于大地之上。此古街风貌得以完好保存，建筑群落稳固矗立，深刻体现了丰富的历史文化积淀。其建筑风格兼收并蓄，展现出多元文化的和谐共生，既有中式建筑的古朴韵味，又融入西式设计的独特风情，气势恢宏与细节精致相得益彰。

在回龙场区域，木质结构的二层老宅错落有致地排列，小径蜿蜒曲折，溪水潺潺绕街而过，夜幕降临时，灯火阑珊，营造出一种浓郁的古典氛围。文化景观的营造更是精妙绝伦，雕梁画栋，色彩斑斓，层次分明，展现了高超的艺术造诣。

古镇内部装饰繁复多样，与人文景观相互映衬，相得益彰。而油菜花田的绚烂与河水的潺潺流淌，更为古镇增添了几分生机与活力。整体而言，青木川古镇的风貌多彩多姿，令人流连忘返。

图 6-5　青木川古镇鸟瞰

第三节　陕南古村镇景观特色分析

在深入剖析古村镇的综合性特质时，应当深刻认识到，这些古镇是物质与非物质文化完美交融的典范，其卓越之处远不止于建筑规划的精妙绝伦。它们深植于“天人合一”的古老哲学理念之中，不仅在空间布局上追求人与自然环境的和谐共生，展现了防灾避祸的卓越智慧，更在历史的长河中孕育出了独树一帜、丰富多彩的精神世界，成为人类文明宝库中璀璨的明珠。这一文化积淀的深厚氛围，已转化为现代旅游开发中不可多得的珍稀资产，其独特的文化韵味为旅游业注入了新的活力与深度。

一、陕南古村镇景观生态分析

在古村镇的绵延存续中，卓越的生态环境与蕴含深意的规划架构构成了其生命力的核心要素。古村镇的居住形态，在岁月的洗礼下，自然而然地孕育出一种强调局部生态和谐共生的哲学理念，即“天人合一”的生态智慧。此理念体现为对自然界的顺应与尊重，或是对自然进行适度改造后采取的生态补偿措施，旨在最大化地利用自然资源，同时践行资源节约的原则。

（一）仿生象形

古村镇，作为自然哲学思想的光辉典范，其独特的精神风貌乃是由多维度因素交织编织而成，深刻体现了与周遭自然环境、悠久历史脉络以及得天独厚的地理条件之间的和谐共生。这些古村镇所蕴含的灵性特质，往往与地域内生物的形象遥相呼应，展现了古人运用“象形取意”的智慧，巧妙地将城镇规划布局与自然界的象征意义相结合，不仅彰显了深厚的历史文化底蕴，也促进了人类与自然环境的和谐共处。①

以汉中上元观古镇为例，其设计受自“龟”这一长寿且稳健的生物形象灵感启发，通过仿生学的手法，将居民对于美好生活的深切向往寓于空间布局之中，实现了文化象征意义与空间形态的完美融合，达到了形神兼备的艺术效果。这一过程不仅体现了人类对于自然界的深刻理解与尊重，也展示了古代建筑艺术中蕴含的丰富哲学思想和审美情趣。

① 孙媛媛．陕南古村镇景观构成及其旅游开发研究 [D]. 西安：陕西师范大学，2007: 18.

（二）风水理论

于古城营建之领域，周易风水理论居核心地位，该理论倡导人类与自然环境和谐共存之理念，彰显对自然法则的尊崇，旨在同步满足物质需求与精神追求。传统文化中的风水学不仅体现了一种独特的审美视角，亦映射出特定的价值取向与文化底蕴。其精髓在于探究人类居住环境与浩瀚宇宙及自然法则间的微妙关联，进而对建筑之选址、朝向设定、空间布局规划及景观设计等方面产生深远影响。

风水实践尤为注重环境评估的细致入微，强调对水资源的合理利用与尊重，以达到生态平衡。以商洛凤镇为例，该镇巧妙运用风水学原理，沿河精心布局，三面环山，巧妙借势自然之优越条件，实现对微气候的精准调控，营造出一种静谧而和谐的居住环境。此案例充分展现了风水学在古代城市规划中的独特贡献与价值，其智慧与精妙之处，即便在今日仍为值得深入研究的宝贵遗产。

（三）资源利用

1. 节约用地

在陕南这一地域，鉴于其独特的地理条件所限，耕地面积极为有限，因而，历史上居住于此的古村镇民众，在构建居所时，均将土地的高效利用视为首要考量因素。为保护肥沃农田的完整性，地处山地环境的古镇及其居民住宅，往往择址于斜坡、沟壑深处或山腰之处，刻意规避对可耕地的侵占；反观盆地地带，村镇规划及民居分布则展现出紧凑且有序的特征，它们既确保交通网络的便捷性，又巧妙规避了主要交通干线的直接穿越，同时，选址于地势较高之处，以利于自然排水并严格遵循不侵扰良田的原则。这一系列布局策略，不仅体现了古人对土地资源的珍视，也彰显了其智慧与生存哲学的深刻内涵。

2. 趋利避害

陕南地区属于亚热带大陆性季风气候。这种气候类型在夏季受来自海洋的暖湿气流影响，降水充沛，空气湿润；冬季则受大陆性气团控制，降水较少，气候相对干燥。此环境背景促使古村落与古镇的民居形态在院落布局上展现出多样化的策略。古村落的民居布局，可归结为两大典型模式：其一为直线型平面布局，此模式体现为开放式庭院结构，不遵循传统闭合院的形制，旨在创造通透的空间感受；其二为折线形（形似"L"）平面布局，该布局虽借鉴四合院的设计理念，却巧妙地打破其固有的对称性，灵活地在院落一侧增建建筑，以适应特定需求与地形。此两种布局策略，深刻烙印着陕南气候特性的印记，旨在优化空气流通以缓解闷热，同时抵御夏季酷暑侵袭。

反观古镇民居，则在保留完整四合院结构的基础上，融入了南方独有的建筑精髓——天井。天井的设计，不仅丰富了空间层次，更在提升院落光照效率、促进自然通风、优化排水系统等方面发挥了不可小觑的作用，进一步增强了民居的居住舒适度与功能性。

二、陕南古村镇景观物态分析

在探讨陕南地区村镇的布局模式与建筑风貌时，我们不难发现，该地区相较于陕西关中平原的规整有序与陕北高原的粗犷豪放，展现出了独树一帜、别具一格的地域特色。这些村镇的规模差异，深刻植根于其独特的地理环境与社会性质之中。具体而言，在地势平坦、广袤无垠的平原与台地区域，村镇的集聚效应显著，规模往往较为宏大；而在地形错综复杂、山川纵横交错、沟壑纵横的地带，受自然条件限制，村镇的扩展受到明显制约，规模则相对较小，呈现出更为紧凑的布局形态。

（一）古村镇布局

在陕南山川地带，鉴于其复杂多变的地理态势，众多村落与小镇的布局策略显著地遵循了地形地貌，展现出一种灵活适应、见缝插针的用地模式，空间分布零散且不规则。具体而言，此类布局模式可归纳为两大典型范畴。

一是背倚山体、面向水域的布局范式。受限于有限的土地资源，村镇的建筑群往往巧妙地沿着山坡的阶地层次，沿着等高线进行有序排列，以最大化地利用地形优势。同时，鉴于洪水泛滥的潜在风险，这些村镇的选址普遍高于河床，保持了一定距离，形成了虽邻近水体却非紧邻的独特格局，这一特点与南方典型的水乡聚落形态构成了鲜明的对比。

二是围绕河流与山体交织的复杂地带展开的布局。在此类区域，常见有“三山夹两川”的复杂地形地貌，面对有限的可用空间，村镇的建筑物多被巧妙地安置于这些山川交汇处的各个山头附近。这种布局策略不仅体现了对自然环境的深刻尊重与顺应，有效地规避了水患与旱灾的风险，还巧妙地融入了自然景观之中，以青山绿水的自然美景作为村落不可或缺的组成部分，构建出一种和谐共生、相得益彰的人居环境。

图 6–6　青木川古镇

（二）古村镇民居布局

民居建筑深受自然环境的禀赋与历史文化传统的双重约束，展现出鲜明的地域特征。陕南古村落的民居建筑融合自然环境和历史文化等元素，呈现独特的地域特色。居民利用当地材料和地形，建造了石构住宅、竹木结构和传统合院等多样住宅。

石构住宅坚固耐用，成本低廉，抵御自然侵蚀。竹木结构的房屋则展现出轻盈与自然的韵味，其四壁采用圆木构筑，屋顶覆盖毛竹，部分还增设了阁楼空间，体现了对自然资源的充分利用与和谐共生的理念。三合院与四合院多见于地势相对平坦的城镇区域。它们以土坯、砖石及木料为主要建筑材料，强调空间布局的严谨与对称，体现了中国传统建筑对于秩序与和谐的追求。

在陕南的山区地带，民居建筑多采用一字形的平面布局，以适应陡峭的山地环境。而乡村中的农宅则普遍采用敞开式的庭院设计，院落的空间布局灵活多变，能够根据地形条件进行因地制宜的调整与优化，展现了当地居民卓越的建筑智慧与创造力。

（三）特殊标志性建筑

大地的每一寸都充满了“场所精神”，这是现象学中描述的自然与历史文化共同塑造的神性与灵性。场所精神深刻植根于独特的文化特质与空间维度之中。文化特质作为场所的灵魂，塑造了环境的性格与氛围，赋予其独特的意义和价值；而空间维度则通过形态与边界的界定，为场所提供了具体的存在形式和物理边界。这种场所精神是居民地域认同感的重要源泉，它促使居民与所处环境建立深厚的情感联系，从而实现个人与社区、地方与世界的和谐融合。认同机制的建立，确实源于对空间结构与秩序的顺应与理解。人们通过感知和体验场所的空间布局、流线组织、比例尺度等要素，逐渐形成对场所的认知和归属感。设计可以优化空间结构，强化秩序感，满足居民的心理和行为需求，提升场所的认同感和吸引力。古村镇的场所精神深藏于居民心中，通过标志性建筑显现，成为文化身份的象征。

1. 村庙

居民出于寻求心灵慰藉的需求，普遍在各自聚居的村落周遭构建了一系列如女神祠、地祇庙、观音堂、二郎神殿等小型构筑物。此类构筑物不仅成为地方特色鲜明的地标性建筑，还承载了村民日常祭祀仪式的核心空间，居民们通过辨识这些村庙，实现了对自身所属地域的明确认知。在陕南区域，村庙的分布相对稀疏，且其功能聚焦于供奉诸如杨泗将军等水神，旨在祈求自然和谐、免受水患侵扰。与平原地区的村庙布局相异，陕南的村庙更偏好选址于山巅或山腰地带，这一布局策略显著增强了其辨识度，即便在较远距离，当地居民也能轻易辨识出自己村落的方位。

2. 戏楼

戏楼，作为承载戏曲演出的物质载体，其建筑形态纷繁多样，共同构筑了中华传统戏曲独有的演出空间环境。在古代村落与镇邑之中，鉴于文化生活相对单一，戏曲艺术自然而然地成了民众休闲娱乐的核心形式，而戏曲舞台则顺势成为村民汇聚、交流的核心场所。特别是在陕南地区的古村镇，其戏曲艺术独树一帜、发展繁荣，这一现象在物质层面表现为该地区遗存了数量可观的戏曲舞台建筑，成为历史文化的生动见证。

3. 祠堂

在古代社会结构中，祠堂的择址倾向于家族聚居的核心区域，此布局深刻映射了当时社会文明的演进轨迹。作为农耕社会与儒家思想交织下的独特产物，祠堂集物质实体与文化象征于一体，成为剖析古代文化深层结构不可或缺的窗口。它不仅承载着祭祀先祖的宗教功能，更是家族精神脉络的延续之地，家风家训传承不息的摇篮。

以陕南地区古村镇中的杰出代表——韩氏宗祠为例，该祠占地广阔，约 0.33 公顷，其建筑布局精妙绝伦，采用五进四院的传统格局，彰显出非凡的气势与宏大的规模。祠内供奉着韩信、韩愈、韩世忠等赫赫有名的韩氏先贤，这一布局不仅彰显了韩氏家族对于自身荣耀的铭记与颂扬，更深层次地体现了对中华悠久历史文化的尊崇与传承（图 6-7）。

图 6-7　韩家祠堂

4. 牌坊、碑楼

在陕南地区的古村落与集镇核心区域，牌楼与碑刻建筑得以妥善保存，其表面精绘的龙凤图腾与题额铭文，不仅是对往昔村落辉煌历史的深刻铭记，亦是荣耀的象征。这些构筑物巧妙地融合了教化与审美的双重功能，它们不仅是书法艺术与雕刻技艺的结晶，更彰显出非凡的艺术魅力。

柞水县凤镇的古药肆所遗存的木雕门楣牌楼堪称此类建筑的杰出代表。该牌楼以八对气势磅礴的金鼓石基作为稳固支撑，其上雕刻的图案寓意深远，透露出匠人超凡的技艺与匠心独运。高耸的防火墙上，云纹图案翻腾不息，不仅增添了建筑的视觉层次感，更蕴含着“敬献天恩”的深远意境。

5. 细部装饰

在审视陕南地区的建筑风貌时，我们不得不聚焦于其特有的温暖且湿润的气候条件，这一环境孕育了该地区丰富的林木资源。当地居民在构建居所时，巧妙地运用了这一自然资源优势，大量采用木材作为建筑材料，并巧妙地融入木质装饰元素，展现出一种质朴而又不失高雅的美学韵味。木雕与砖雕技艺在陕南建筑中得到了深度融合，它们不仅吸纳了多方地域文化的精髓，更在此基础上形成了独具一格的艺术风貌。

具体到建筑细节层面，陕南建筑以其深远的檐部设计著称，这一设计不仅有效地遮挡了阳光与雨水的侵袭，还为建筑本身增添了一抹浓厚的艺术气息。此外，封火式山墙与马头墙的运用，不仅显著提升了建筑的防火性能，其精致的装饰图案更是美化了建筑的整体造型，使之成为一道独特的风景线。门楼作为建筑的重要组成部分，其造型多变且砖雕工艺精湛，深刻反映了户主的身份地位与社会地位，是研究陕南社会文化的重要窗口。

而谈及陕南的文化符号，桥梁无疑是不可或缺的一部分。石桥作为连接现代与传统的桥梁，不仅承载着交通往来的功能，更成为古镇中不可或缺的地标性建筑。以商洛柞水凤镇的石桥为例，它不仅是古镇历史与文化发展的见证者，更以其独特的魅力吸引着无数游客前来观赏与探寻。这些石桥不仅丰富了陕南地区的文化景观，更为我们了解该地区的历史变迁与文化传承提供了宝贵的实物资料。

三、陕南古村镇景观文态[①]分析

（一）三雕艺术

在古村落与小镇的景观构成中，装饰工艺呈现多元态势，巧妙构筑出一种雅致的生活空间，深刻彰显着地域文化的深厚底蕴。追溯至明清时期，木雕、石雕、砖雕等精湛技艺被广泛应用于民居、宗祠等建筑领域，共同绘制出一幅幅独具特色的风景线。其中，石雕以其沉稳厚重著称，砖雕则展现出清新脱俗的韵味，而木雕则以其自然流畅的线条，各自彰显出独特的艺术魅力。

古镇的居民巧妙地运用这些雕刻艺术，不仅寄托了对文化信仰的虔诚追求，还蕴含了深刻的哲学思考及丰富的生活情趣。特别值得一提的是陕南古镇的三雕艺术，它巧妙地融合了南北文化的精髓与本土特色，

① 文态，在古村镇的语境中，特指其蕴含和展现的深层次文化状态与风貌。其不仅仅是指古村镇中流传下来的文字记载、历史故事或传统技艺，更包括这些文化元素在居民日常生活、社会结构、信仰体系、价值观念以及艺术表达中的综合体现。

形成了别具一格的艺术风格，既展现了非凡的艺术创造力，又透露出深厚的历史文化底蕴，令人叹为观止。

图 6-8　青木川瞿家大院建筑群

（二）楹联匾额

在古村镇的建筑设计中，尤为注重融入诗词、书法、绘画等文化元素作为装饰小品，这样的设计手法不仅美化了建筑的空间环境，还巧妙地借助物象抒发了情感，寄托了个人志向与哲思。厅堂之内，常可见到彰显主人独特审美情趣与人生追求的堂名、楹联及精心布置的陈设，它们共同构成了主人精神世界的物质化展现。

古村落的文化精髓被精心提炼并融入匾额、楹联（图 6-9）、壁饰及隔扇等建筑细部之中，这些文化符号被巧妙地安置于建筑群的关键位置，无论是内部还是外部，均发挥着不可小觑的作用。它们不仅作为文化传承的载体，向世人展示着古村落深厚的历史文化底蕴，还承担着教化居民、弘扬传统美德的社会功能，在潜移默化中促进了社区文化的传承与发展。[①]

① 孙媛媛. 陕南古村镇景观构成及其旅游开发研究 [D]. 西安：陕西师范大学，2007：25.

图 6–9　漫川关楹联匾额

（三）民间文艺

在陕南的古朴村落与镇邑之中，盛行着一种名为龙灯社火的民俗活动，其独特之处在于巧妙融合了江南水乡之温婉细腻与山区特有的粗犷豪放，深得民众之喜爱。此类活动的表现形式质朴无华，却饱含着浓郁的生活气息，往往于农事闲暇之际上演，营造出一种热烈而欢腾的节庆氛围。

至于汉中地区，民歌与山歌的传唱蔚然成风，其内容之广泛、风格之多样，无不透露出川楚文化的深远影响，其曲调悠扬婉转，令人回味无穷。汉剧作为陕南地区历史悠久的一种戏曲形式，距今已有 400 余年之积淀，其剧目多取材于历史典故与民间传说，承载并传承着诸多珍稀的戏剧作品。汉剧以其唱词之雅致、表演之入微、唱腔之丰富多变而著称，能够细腻地展现人物内心的复杂情感与故事情境的跌宕起伏。至今，汉剧已累积了超过 1200 部剧目，其中不乏如《黄天荡》《清风亭》等脍炙人口的经典之作，深受观众喜爱与推崇。

（四）民间手工艺

陕南地区的挑花绣、纳纱绣、扎染及竹编等艺术形式，皆承载着悠久的历史底蕴与卓越的工艺技巧。特别是陕南挑花绣，其历史可追溯至五百余年前，以主题鲜明、构图洗练、色彩瑰丽以及针法多变而著称，彰显出独特的地域文化特色，跻身于我国著名绣品之列。据《西乡县志》所载，该绣艺之精妙，实为难能可贵。

挑花绣之独特，在于其以针为工具，线条为媒介，虽针法基础却能巧妙编织出繁复精细的图案。其创作常以质朴的土布或麻布作为基底，选用蓝色或五彩斑斓的丝线进行绣制，色彩与材质的和谐共生，赋予了绣品以生动的生命力。

此绣艺不仅具有高度的艺术审美价值，更兼具实用性，能够显著提升织物的耐用性，延长其使用寿命。挑花绣品既是日常生活的实用之物，也是传承与展现陕南地区深厚文化底蕴的艺术珍品。

四、陕南古村镇景观情态分析

在古村镇的文化织锦中，历史悠久的传统习俗与风尚，构成其文化景观中不可或缺且独具特色的元素，这些习俗作为古镇历史发展的见证，深刻体现了古村镇文化的深厚底蕴。

（一）婚俗

在陕南地区，移民文化的深远影响赋予了其婚俗以南北交融的独特风貌。其婚仪流程，一方面与关中地区存有一定的共通性，如涉及提亲、合婚、见人、落话、过礼、接人、抢房、回门等传统环节；另一方面也展现出荆楚文化的烙印，如女方家族成员“添箱”的习俗以及迎娶时以鹅替代雁的传统等。

婚后，陕南地区还保留着“亮针线”与“认大小”两项习俗。“亮针线”，即新娘婚后次日，于堂屋公开展示其陪嫁的刺绣、裁缝等女红技艺，供宾客品鉴，此举不仅展现了新娘的贤淑与才艺，也促进了邻里间的交流与互动。“认大小”则是紧随其后的一项仪式，通过执事者的引导，新娘需按照事先拟定的名单，对夫家的叔伯、兄弟、妯娌及远亲近邻行礼问候。这一过程不仅确立了新娘在家族中的位置，也强化了家族成员间的身份认同与情感联结。

（二）饮食习惯

在探讨陕南地域所独有的自然与人文景观的交织下，其饮食文化展现出了独特的山地特征与多元融合性。从食物构成的视角审视，这一区域不仅蕴含了稻作农耕文明的深厚底蕴，还映射出麦粟文化的历史痕迹，彰显了作为南北过渡地带的独特风貌，即囊括了广泛的地域性食材品种与多样化的生态海拔适应性。

具体而言，陕南人的日常膳食中，主食体系以大米为核心，辅以面粉，同时巧妙融入各类杂粮以调节口味与营养结构。在大米制品方面，当地人制创了诸如米饭、粥品、米面皮、米糕、元宵、粽子、糍粑、米酒、油炸米饺、米粉等丰富多样的美食；而面粉制品亦不甘示弱，涵盖了面条、蒸馍、拌汤、烙饼、油饼等多种风味。

此外，得益于秦巴山区得天独厚的森林与水力资源，当地居民更得以享用到一系列珍稀且独特的食品资源，如山珍野味及蕴含药用价值的膳食，这些自然馈赠不仅丰富了他们的餐桌，更构筑了难以复制的饮食文化特色，使得陕南在饮食领域独树一帜，无出其右。

第四节　陕南古村镇景观的旅游开发模式与实践案例

一、陕南古村镇景观的旅游开发模式分析

陕南古村镇景观多样，地域特色显著，历史文化深厚，吸引现代都市居民。文化积淀为旅游核心，保留原始自然生活方式，体现和谐共生哲学。民居建筑古朴典雅，依山傍水，融合自然与人文。细节中融入传统文化艺术，展现高审美价值，调节游客心境。当前研究聚焦于如何将资源优势转化为旅游产品和项目，需挖掘其文化内涵，结合现代需求创新开发，实现资源最大化利用和可持续发展。

（一）可持续保护发展模式

基于对陕西古村镇旅游资源的详尽普查与深入的现场调研，我们发现陕南地区古村镇景观正面临不同程度的损伤。成因可归结为历史遗留的失修问题、现代生活方式的无缝渗透，以及城镇化进程的快速推进。鉴于旅游业高度依赖于自然风貌与人文底蕴的和谐共生，古村镇的有效保护无疑成为维系其生命力的关键所在。

古村镇的旅游吸引力，其核心在于其独特的生态环境、引人入胜的视觉景观以及深厚的文化历史积淀。因此，在推进古村镇旅游开发的过程中，确保这些资源的真实性与完整性，应当被置于首要地位。陕南古村镇以其相对完整的物质景观遗存而著称，这要求我们在开发过程中必须采取更为审慎的保护措施。

在保护策略上，我们应秉持开放与创新的态度，积极借鉴国际上的成功案例与先进经验。政府应发挥主导作用，联合旅游与环境保护等相关部门，共同制定并执行一系列行之有效的法规制度。在保护过程中，既要深入挖掘并妥善保护物质与非物质景观资源，又要坚决避免简单粗暴的推倒重建行为。

此外，还应注重环境整治工作的有序开展，充分利用闲置空间进行绿化美化等生态修复措施。在建筑材料的选择上，应优先考虑当地资源以体现地域特色并减少对环境的影响。同时强调生态系统的稳定性维护以及景观完整性与多样性的保持，通过精心规划与设计塑造出独具特色的乡村景观意象，进而推动田园化乡村的建设与发展。

（二）错位协同发展思路

在古村落与古镇的旅游开发中，应秉持差异化发展战略，并聚焦于旅游产品的特色化及开发时序的合理性。针对陕南地区的古村镇，旅游规划需深度挖掘本土优势资源，探索创新路径，规避同质化竞争，实施梯度化开发策略。此外，强化区域间的协同联动至关重要，可通过协同开发、核心引领及辅助带动等模式，促进旅游业的整体性提升与繁荣。①

① 孙媛媛．陕南古村镇景观构成及其旅游开发研究 [D]. 西安：陕西师范大学，2007：29.

就开发时序而言，应实施优先与后续相结合的层次化开发。具体而言，首要关注的是资源禀赋优越、地理位置优越的高等级景区，优先进行深度开发与推广；随后，再逐步向资源条件相对较弱、区位优势不显著的区域延伸，实现资源的渐进式开发与利用。

结合陕南古村镇旅游资源的独特分布格局，建议采取分区域规划、分阶段实施的开发策略。通过精准定位各区域特色，制订差异化的开发方案，分阶段推进，旨在构建具有鲜明地方特色的旅游品牌，并进而促进区域经济的多元化与可持续发展。此策略不仅有助于降低旅游开发中的重复建设与资源浪费，还能确保各区域在旅游开发过程中保持其独特性与竞争力。

（三）多元化、多维度项目设计策略

1. 多元化旅游项目设计策略

经深入研究发现，当下旅游动机已显著转向“文化生态导向型”，聚焦于自然景致与人文底蕴的深度融合。陕南地区的古村镇，以其悠久的历史积淀、独特的民族传统、丰富的艺术宝藏及深厚的宗教文化为基石，构筑了别具一格的质朴村落景观，展现出显著的旅游经济价值。鉴于市场需求的多元化趋势，旅游产品的供给亦需相应调整，以满足不同游客群体的个性化需求。

在陕南古村镇的旅游开发中，可精心策划并构建多层次的旅游产品体系，具体涵盖自然景致游览、人文历史体验、民俗文化娱乐、科学探索冒险以及休闲养生康体等多元化项目。其中，自然景致游览旨在展现该区域独有的自然景观风貌；人文历史体验则通过复原历史场景与传承传统文化，让游客沉浸于浓厚的历史氛围之中；民俗文化娱乐则依托丰富的民俗活动，为游客提供参与互动、体验地方风情的平台；科学探索冒险则针对科学爱好者及探险者，提供满足科学考察与探险欲求的场所；而休闲养生康体项目，则致力于为游客带来身心的全面放松与恢复，实现旅游与健康养生的有机结合。

2. 多维度项目设计策略

陕南古村落与镇区的旅游产品策略应追求多元化与多维度呈现，旨在提升旅游体验的丰富性。在空间布局层面，应巧妙融合“节点”与“轴线”的展示策略，优化旅游资源的整合配置，进而提升游客的整体游历感受。在提升游客参与度的设计中，需平衡“观光浏览”“互动参与”与“深度体验”三大维度，以精准对接并超越当代旅游者的多元化期待。

从旅游项目动态与静态的展现形式而言，应实现两者的和谐共生，即既有静态的展品陈列与场景复原，也不乏动态的演艺活动与生活场景模拟，形成“动静相宜”的展示格局。在文化景观的构筑上，则需全面考量“生态”“物态”“情态”“文态”四大要素，以全方位、多角度地凸显古村镇的独特魅力与深厚底蕴。

以汉中城固上元观古镇为例，其产品开发应聚焦于古建筑群的精细展示，深入挖掘并呈现其独特的风水文化智慧，同时，通过文化艺术活动的策划与举办，进一步丰富古镇的文化内涵与表现力，最终塑造出一个立体、生动且充满故事性的古镇形象，为游客提供一次难忘的文化之旅。

（四）政府主导与当地居民参与相结合的开发前提

1. 政府主导

在国际乡村旅游与古迹旅游的开发范畴中，一个鲜明的特征是政府扮演着至关重要的引领角色，通过制定并实施一系列扶持政策，有效跨越地域界线，构建跨部门的协调合作机制。古村镇旅游作为这一领域的交汇点，其独特性在于融合了乡村旅游与古迹保护的双重特性。鉴于传统乡村旅游常受限于农民个体的小规模资本投入与市场运作的局限性，政府的积极主导显得尤为关键。

政府的核心作用体现在资源的整合与优化配置上，包括资金、先进技术及专业人才等多方面的汇聚。通过加强针对性的培训与指导，政府助力古村镇旅游向特色化、品质化方向发展，进而提升其经济效益与社会影响力。具体而言，政府的主导作用体现在以下几个维度：一是激励并引导村民成为旅游发展的主体力量,增强其自我发展的能力;二是提升全社会对古村镇文化遗产的保护意识,促进可持续旅游;三是构建专业的导游服务体系,提升旅游体验质量;四是深入挖掘并整理古村镇的文化资源,丰富旅游内涵;最后,通过旅游立法等手段,规范市场秩序,保障旅游业的健康发展。

2. 社区参与

古镇和传统村落的居民在乡村旅游中扮演着核心角色,他们深度参与旅游业的规划、实施和利益分配,对行业的可持续发展和品质提升至关重要。为推动地方经济和减贫,可以采取以下策略增强居民参与。

一是促进居民参与旅游开发规划与决策过程,通过深入调研居民的真实意愿与心理预期,综合考量并吸纳其意见与建议,确保旅游项目贴近民生、符合社区长远利益。

二是建立健全利益分配机制,确保居民在旅游发展中获得合理收益,尤其是对其因旅游活动而产生的隐性成本给予充分补偿,以保障其利益不受损害。

三是鼓励居民参与旅游景区的日常管理与资源保护工作,通过提升服务质量、强化环保意识等措施,共同维护旅游环境的和谐与可持续发展。

四是激发社区内部投资活力,通过政策扶持、资金引导等手段,鼓励居民积极参与旅游相关产业的投资与经营,从而进一步壮大地方经济,实现旅游与社区发展的良性互动。

(五)因地制宜的形象推介系统

旅游目的地的核心主题形象,作为该地的灵魂所在,不仅是构筑竞争优势的基石,更是衡量其旅游业昌盛与否的心理标尺,其重要性不言而喻。鉴于此,构建一个优质的形象推广体系,成为旅游目的地发展的关键环节之一,古村镇旅游亦需遵循此道。

1. 形象设计

在旅游研究中,目的地形象是游客对一个地区主观认知的总和,由目的地特性和游客感知共同构成。形象塑造是一个策略性和创造性的过程,涉及宏观和微观层面的规划。

针对陕南地区古村镇的旅游形象塑造,设计过程需深刻洞察并融合该区域的地脉特征与文脉特色(即自然地理环境与空间布局、历史文化底蕴与传承),同时考虑居民的影响,建立以居民、文化、生态为核心的"三元融合"模式,强调人与自然的和谐共生。

在行为识别上,应制定内外规范体系,确保旅游活动尊重并保护生态和文化遗产。视觉识别系统将地域文化转化为具体的视觉符号,如标志和色彩,提高形象的识别度。听觉形象设计通过方言和民歌等元素,营造独特的听觉体验,让游客沉浸在地域文化中。

2. 市场营销

针对陕南古村落旅游资源的独特属性,构思了三项创新性的市场推广策略。

(1)协同营销战略:旨在通过跨省及省内品牌间的战略联盟,实现资源共享的最大化,从而强化市场渗透力。此策略倡导构建"泛旅游"视角,构建紧密的合作框架与信息共享平台,实施一体化宣传策略,确保各方行动步调一致,协同共进。

(2)节庆驱动营销:聚焦于利用丰富多彩的节庆活动作为旅游吸引物,不仅能促进游客流量的增长,更能深化地域文化的传播与体验。关键在于确保节庆活动具备广泛的民众基础,深度挖掘地域文化的独特魅力,融入欢乐元素,并设定具有辨识度的主题,以增强活动的吸引力和影响力。

(3)数字化与新媒体营销策略:涵盖电影植入、网络营销等前沿手段。通过电影、互联网等多媒体平台,生动展现古村落的独特风貌与文化底蕴,以视觉盛宴的形式吸引游客目光。同时,可邀请知名人士参与宣传,拓宽营销渠道,构建独具匠心的旅游品牌形象,实现全方位、多层次的旅游推广效果。

二、陕南古村镇景观的旅游开发实践案例——上元古镇

(一)上元观古镇概况

上元观古镇,坐落于汉中市之东南隅,其地理区位得天独厚,南面依傍巴山之巍峨,北则濒临汉水之潺湲,交通网络四通八达,极为便利。此古邑之历史底蕴深厚,渊源始于唐末宋初,建成于明清年间,现今遗存之建筑风貌,则主要以清代特色为主,展现了不同历史时期的建筑风格变迁。

在抗日战争的烽火岁月中,上元观古邑曾以棉纺业之兴盛而闻名遐迩,成为全省范围内经济繁荣的集镇典范之一。其旅游资源更是丰富,坐拥南沙河自然风光带与望景台等名胜景观,古建筑群落历经沧桑而风貌犹存,不仅承载着厚重的历史文化内涵,更蕴含着独特的艺术美学价值,为后人所珍视。

然而,需正视的是,该地区经济发展相对滞后,古邑之知名度尚有待提升。因此,亟须通过科学合理的规划与开发策略,充分挖掘其潜在价值,赋予古邑以新的生命力与活力,让其在当代社会焕发出更加璀璨的光芒。

(二)上元观古镇景观构成分析

1. 上元观古镇景观生态分析

上元观古镇之地理位置与住宅布局,深刻彰显了人类与自然环境的和谐共生理念,其背后依偎青山,面朝清澈水流,既有效抵御了寒风的侵袭,又在一定程度上提高了防洪能力,减轻了洪涝灾害对当地的影响。临水而居的优越条件,不仅极大地便利了居民的日常生活与农业生产,还通过水体的自然调节功能,优化了区域气候环境,并实现了居住空间的有效拓展。古镇的整体形态宛如一只悠游水中的“灵龟”,其布局构思深受仿生学启发,深刻体现了人类对于自然界和谐共融的向往与

追求。[①]

在古镇的选址、空间布局、外观形态及住宅设计上，均巧妙融合了传统风水文化的精髓。住宅建筑多采用两进三间[②]的构造形式，这一设计不仅严格遵循了风水学的核心原则，营造出一种宁静致远的居住氛围，赋予了居民强烈的安全感与归属感，还寄托了人们对于幸福安康、灾祸远离的美好祈愿。通过精心构思与布局，上元观古镇成功地将自然美学、人文情怀与风水智慧融为一体，展现了中华民族独特的建筑美学与哲学思想。

2. 上元观古镇景观物态分析

上元观古镇，作为明代进士之杰作，其构筑初衷深植于防盗与防洪之考量，展现出一种严谨而有序的规划美学。其防御体系精妙绝伦，四城门巧妙嵌入枪炮眼，城楼设计实现四面封闭，土墙之上炮台、枪炮眼及观测孔错落有致，加之护城河蜿蜒环绕，构筑起一道坚不可摧的安全屏障。

古镇空间布局独具匠心，四向分别配置一寺一堡，街巷交织成网，垂直相交，形成四条清晰可辨的主要街道，整体布局严谨而不失灵动。民居建筑多遵循坐北朝南之传统，以轴线为核心，左右两侧呈现对称之美，营造出一种封闭而和谐的居住氛围。

在平面布局上，古镇住宅院落多采用一进三合院或一进四合院之形制，建筑序列灵活多变，可根据实际需求自由组合，形成二进、三进乃至四进院落，部分院落更辅以精致花园，展现出一种层次丰富、错落有致的建筑风貌。如此设计，不仅满足了居民的生活需求，更赋予了古镇深厚的文化底蕴和独特的艺术魅力。

---

① 孙媛媛. 陕南古村镇景观构成及其旅游开发研究 [D]. 西安：陕西师范大学，2007：4316.

② “两进院落”：第一进院落，通常作为外院或前院，用于接待客人或进行日常活动。院落宽度与进深的比例约为 1.5 : 1，空间开阔，便于活动。第二进院落，作为内院或后院，私密性更强，一般用于家庭内部居住和休息。院落比例接近 1 : 1，空间紧凑而温馨。“三间式布局”：每进院落均遵循“三间式”布局，即中间为厅堂（或正房），两侧为厢房。这种布局形式体现了中国传统建筑的对称美和均衡感。

3. 上元观古镇景观文态分析

上元观古邑，历经沧桑 380 年，实为一动态存续的文化瑰宝，其根基深植于农业自然经济的沃土之中，滋养出独特的耕织与研读并重的文化传统。民居群落中，院落名诸如“三德汇”等，皆富含深意，而门楣之上悬挂的“和谐为尊”等匾额，则巧妙融入了深邃的哲学思想。书写的“祥瑞自东来”等题字，不仅彰显了浓厚的文化韵味，更深刻反映了耕读文化在当地人心中的根深蒂固。

该古镇在营造环境时，巧妙融合了避邪求吉的民俗信仰，如东门构筑三层，寓意迎接东方紫气之祥瑞；宅门与堂屋之口，常设明镜以驱邪避害。建筑细节中，广泛雕刻有寓意吉祥的图案，门楣上的吉语题刻与守护宅邸的瑞兽形象，共同构建了一个充满庇佑与希望的居住环境。古镇的整体布局形似灵龟，这一设计不仅体现了古人对于自然与宇宙和谐共生的哲学思考，也寄托了居民纳福避凶的美好愿景。

古镇的四条主要街道，其布局遵循了宗族的脉络，如关帝庙等建筑的存在，便是宗族文化在物质空间上的具体展现。在建筑技艺层面，古镇的民居与庭院展现出了高超的工艺水平，无论是砖雕的细腻、石雕的雄浑、木雕的精巧，还是铁艺的别致，都体现了匠人之心与文化的深度融合。

4. 上元观古镇景观情态分析

上元观古镇，作为陕南地域民俗文化的典范，其独特之处在于南北文化的和谐交融，孕育了别具一格的文化风貌。该古邑展现出一种兼具醇厚与豪迈、古朴与雅致的民俗风情，其深厚底蕴令人叹为观止。古镇内，茶馆与小吃等传统生活场景得以延续，尤其是上元观红豆腐的传统制作工艺，历经岁月洗礼而历久弥新，彰显了民间技艺的精湛与传承的力量。

图 6-10　上元观古镇老街

此外，古镇还完好地保存了包括社火表演、地方戏剧、剪纸艺术等在内的诸多民俗活动与文化遗产，这些元素共同构筑了一个活生生的陕南民俗博物馆。

（三）上元观古镇景观旅游开发研究

1. 可持续发展模式保护前提下的利用

上元观古镇，作为晚清生态村落的宝贵遗产，虽保留独特风情，却面临景观变化、建筑损毁和文化断层等问题。因此，采取全面的保护措施至关重要，目的是保护遗产、优化生态、深化文化，重塑古镇的历史和文化形象。保护工作应遵循整体性原则，确保古镇各元素和谐共存。

开发中，应细致规划，采用“点、线、面”结合的策略，构建“一轴三片”的空间布局，精准保护并展现古镇魅力。保护不仅防止物理损害，还要激发古镇活力，成为连接古今的桥梁。尤为重要的是，应重视保护“活态”的居民生活环境及其所承载的文化氛围，这体现了动态保护的核心思想。动态保护不仅是对古村镇现状的维护与延续，更是通过这一过程，将古镇的历史文化资源转化为可感知、可体验的活态形式，促进资源的全面展示与文化价值的深度升华。

图 6-11　上元观衡家大院

2. 错位协同发展思路

基于“上元观规划”的市场调研分析，上元观古镇当前面临知名度匮乏、游客基数薄弱且流动性高的困境，正处于旅游发展的萌芽阶段。反观城固县及其邻近区域，作为陕南旅游版图的核心构成，已构建起成熟的旅游路径与稳固的客源基础。因此，上元观古镇宜采取依附式发展战略，巧妙借势这些既有景点与旅游线路，实施辅助性开发策略，旨在吸引并分流游客流量。

进一步分析发现，鉴于陕南地区古村落与古镇资源禀赋丰饶，上元观古镇可积极探索与区域内其他古村镇的协同开发路径，聚焦于展现农业文明的深厚底蕴与独特民居文化的魅力，以此构建差异化的旅游体验产品体系。此合作模式不仅应局限于本地，更应放眼全省范围，推动陕北、关中与陕南三大区域间的广泛联合，共同打造具有鲜明地域特色与高度辨识度的旅游品牌，实现旅游资源的优化配置与共享，促进全省旅游业的协同发展。

3. 多元化、多维度项目设计策略

基于上元观古镇独特的聚落布局与丰富的旅游资源，融合保护原则与游客行为模式的考量，规划了多元化的旅游功能区域，策划了以下游览路径。

（1）环城巡礼路径：该路径可提供闭环的古镇文化探索之旅，让游客领略古镇的历史沉淀、田园风光、建筑艺术等。其特色主要表现为起始于古镇南门，沿城墙蜿蜒，穿越历史沉淀的防御体系，向东门延展，领略田园风光的宁静与美好，随后北转，俯瞰古镇全景之壮丽，再向西门深入，探索建筑艺术的精妙之处，最终环绕护城河回归南门。

（2）街巷探秘线路：该路径可穿越街巷，体验商贸与休闲的和谐共存，探访民俗展览馆，欣赏传统表演，穿梭于田园风光画卷，探索历史韵味的上元巷。自南门启程，首先沉浸于建筑艺术之中，随后步入南街，转向北街，最终穿越上元巷，完成穿越时空的街巷文化探索。

（3）双泉品鉴路径：该路径聚焦于双泉的自然风光之美，引导游客深入了解其布局精妙与风水理念。其特色主要表现自南门出发，直抵双泉所在，提供心灵与自然和谐共鸣的独特体验。

4. 政府主导与当地居民参与相结合的开发前提

上元观古镇面临古建维护不足和环境退化问题，私人产权民居保护工作复杂。政府需制定政策，建立保护开发委员会，全面管理古镇资源。

居民参与对古镇复兴至关重要，能确保文化传承，增强社会支持，减少抵触情绪，推动项目顺利进行。居民参与有助于制订可持续开发计划，避免过度商业化，提升旅游吸引力，提供真实的文化体验。

为实现目标，鼓励居民成立组织，与旅游公司合作，活化利用老宅，自主运营或出租，开展文化体验活动，促进经济多元化，实现古镇的可持续繁荣。

5. 因地制宜的形象推介系统

上元观古镇之景观风貌，以其“天人合一”之生态哲学为核心特色，

宣传策略应深度挖掘并强化此生态维度，旨在传递一种古老而和谐的生活哲学及人与环境共生的居住典范。在宣传内容的构建上，需聚焦于“龟”之象形意象的深入阐释，以及自然景致与人文底蕴的优美融合，倡导和谐共生的哲学观念，并将此理念细化渗透至景观的每一细微之处。[①]

策略实施层面，应秉持生态优先的原则，充分利用古镇内丰富的自然历史遗迹，作为展示其绿色生态特色的窗口。同时，强调对遗址的妥善保护与环境的持续美化，实施有效的污染控制措施，回应并满足现代游客对于绿色旅游、低碳生活的向往与追求。

针对古镇当前知名度相对有限，建议采取联动营销策略，即积极与周边享有盛誉的旅游景点建立合作关系，借助其市场影响力，共同构建更为广泛且正面的品牌形象。在此过程中，应极力规避任何可能损害古镇生态形象的宣传手法，如低质粗糙的宣传材料制作等，转而采用现代传媒技术的多元手段，如数字媒体、社交媒体平台等，以全方位、多角度、高质感的方式展现上元观古镇的独特景观魅力。

① 孙媛媛. 陕南古村镇景观构成及其旅游开发研究 [D]. 西安：陕西师范大学，2007：50.

第七章　陕南蜀河古镇景观设计个案研究

本章致力于深入剖析陕南蜀河古镇的景观设计，通过详尽的个案研究，旨在深入揭示古镇景观所蕴含的特有魅力，并探寻其历史文化积淀与现代设计元素的和谐共存。以探究蜀河古镇为起点，进而对蜀河古镇历史文化资源进行系统分析与梳理，回溯其历史的演变过程，详尽地勾勒古镇的现状综合状况及其空间分布格局，同时深入解读其所蕴含的丰富文化特质与别具一格的建筑风貌。在全面了解了蜀河古镇的历史、现状及文化特质后，将进一步聚焦于其景观设计及历史文化资源保护问题，专注于探讨古镇的景观设计方法，并提出历史文化保护策略。

第一节　蜀河古镇历史文化资源分析

一、蜀河古镇历史发展演变分析

蜀河古镇位于陕南安康市旬阳县，历史悠久，自西周以来经历了政治、经济和文化变迁。这个地理位置优越的小镇，曾是汉江上游的重要商贸和物资集散地，享有“小汉口”的美誉。

（一）崛起与演进——由简单的驿站转变为商贸要地

蜀河镇位于汉江与蜀河的交汇点，其地理环境独特，前临江水，后依群山。在明清两代，由于陕南地区山地众多，陆路交通极为不便，因此水路成为当地人和物资流通的主要途径。蜀河镇在初期仅为数家小型客栈，主要为自山西出发、经关中平原、翻越秦岭抵达蜀河镇的运盐骡队提供服务。这些骡队规模庞大，有时可达数百匹骡子和数十人，他们的基本生活需求促进了当地其他行业的发展，如盐行、酒馆、客栈等生活设施应运而生，为运盐工人提供食宿及生活必需品。随着运盐骡队带来的商业机会，各行各业开始兴起，蜀河古镇的初步形态由此形成[①]。

随着明清时期经济社会的发展，物资流通需求大幅增长。在陆路交通不便且陕南地形多山的背景下，水路运输显得尤为关键。蜀河古镇因其位于汉江与蜀河交汇的战略位置，成为陕南地区的重要港口和水陆贸易转换的枢纽，为关中地区的居民生活提供了便利，同时也铸就了自身的繁荣，逐步演变为陕南的商贸要地。

（二）繁荣至衰落——从陕南商贸中心到被遗忘的古村落

随着明末清初经济贸易的发展，蜀河古镇凭借其得天独厚的地理位

① 王桂莉．陕南古镇保护与发展研究［D］．西安：西北大学，2011：8.

置，逐渐成为陕南地区重要的物资集散中心，进而发展为大型物资转运站。随着越来越多的商人涌入进行贸易，银号、钱庄、当铺以及各类商行如雨后春笋般涌现。在蜀河古镇的鼎盛时期，当地商行数量超过20家，包括恒玉公、郑万盛、周复兴等全国知名商行的分支机构。那时的蜀河古镇几乎已成为汉江中游乃至整个陕南地区的商贸重镇，其影响力已遍及全国。

自民国中期起，随着公路和铁路的逐渐建成以及持续不断的战争和自然灾害，蜀河古镇开始走向衰败。首先，公路和铁路的高效运输方式远胜于水路运输，对传统水路运输造成了巨大冲击，许多原本必经蜀河古镇的货运逐渐转向火车或公路运输。其次，优越的地理位置带来繁荣，也使其成为兵家必争之地，连年的战乱进一步加剧了古镇的衰败。民国时期，军阀混战、社会动荡不安，加之频繁的匪患，使得当地居民生活困苦，许多人选择逃离这个纷争之地。随着人口的流失和政治环境的不稳定，蜀河古镇的商业迅速衰败，往日的繁华景象不复存在。最后，蜀河古镇位于汉江与蜀河交汇处且四周环山的地形也使其频繁遭受洪水侵袭，这一自然灾害的威胁进一步加速了古镇的衰败进程①。

1956年，蜀河被正式设立为镇，是当时陕西省仅有的四个建制镇之一。古镇保留了102处古建筑，包括89处民居及会馆、电报局、清真寺等公共建筑。从2009年起，这些古建筑开始受到保护，其中四处被列为省级重点保护建筑。蜀河古镇的文化是航运、商旅、移民及陕南地区文化的融合，经济主要依赖于传统农业，如桐油产业和烟草业，同时旅游业正逐步发展。

二、蜀河古镇聚落空间形态特征分析

（一）蜀河古镇的聚落选址

1. 依山傍水，天然的地理屏障

在古代，蜀河古镇的地理位置选址受到“风水”理念的深远影响，这

① 刘俊宏 . 陕南传统城镇形态保护与发展的研究——以漫川关镇老街为例 [D]. 西安：西安建筑科技大学，2013：3.

种传统建筑选址的理念，除去其迷信成分，仍蕴含着一定的科学依据。古人在建筑选址时强调的“山环水抱，藏风聚气，顺乘生气，坐北朝南以及居中”等原则，实际上是对当地水文、气候、朝向及日照等条件的综合考量，体现了对自然环境的深刻理解和合理利用。蜀河古镇位于蜀河与汉江交汇处的左岸，沿山势延展，依山而建，其街巷布局依山傍水，利用周围山体作为天然屏障，

由高至低，通过台阶与坡道相连，使得整个古镇的空间布局和谐有序。

2. 冬暖夏凉，优越的气候条件

蜀河古镇位于亚热带北缘，拥有温暖湿润的气候特点，且周围山体作为天然屏障，阻挡寒冷的西北风，冬季保持温暖，夏季则利用东南凉爽山风降低气温，为居民提供舒适环境。此外，古镇主街选在平坦开阔区域，便于居民生活、交易和聚会，并考虑水源获取和雨水排放。此外，蜀河古镇的原址在蜀河西侧、汉江北岸，其后续发展逐渐扩展至蜀河东岸，体现了先民们根据地理环境选址的智慧与科学性。

（二）蜀河古镇的聚落空间形态特征

蜀河古镇位于蜀河与汉江的交汇之处，何家山、寺梁子山在其西北方向形成环抱合围之势，蜀河与汉江交汇于其东南侧。蜀河古镇巧循地形，于西侧高地、南侧河岸修建城门，与天然崖壁、河流共同形成古镇的防御边界；聚落内部三条主街沿东西向贯穿聚落，从外至内的公共性逐渐降低的同时，高差变化逐渐增大，形成对地形与功能双重回应的网状街巷结构。在满足聚落生产、生活和安全防御的前提下，建立聚落与自然互融共生的特色格局，形成“山—水—镇”一体的人居聚落。

三、蜀河古镇的街巷空间分析

（一）“一街数巷”的街巷骨架结构

蜀河古镇的街巷系统是其社会经济活动的骨架，独具魅力，由一条

主要街道和多条分支小巷组成,形成了“一街数巷”的骨架空间形态,统领并滋养着这片聚落。街道空间形态、沿街民居、风火山墙、超楼、八大会馆、古码头等遗迹共同成为古镇特色的展现。主街根据地形紧贴山势,大致呈西北至东南方向延伸,全长约1600米,宽约6米,两旁布满了前店后居式的商铺。这些店铺一般两层,底层用于商业活动,顶层作为储藏空间。周围的小巷连接着各家各户,主要服务于居民的日常通行,宽度从1米到3米不等,根据需要设有台阶或坡道以适应地形高差。这种街巷布局充分适应了古镇的地形特点,不仅方便了居民生活,也增强了古镇内部的空间连通性。通过灵活的规划和巧妙的设计,蜀河古镇有效地整合了自然条件和居民需求,其街巷结构成为古镇功能组织和文化活动的核心。

(二)顺势而为、开合有度的街巷空间

蜀河古镇的街巷空间体现了错落有致、顺应地势、开合有度的特质。

古镇的形态演变显示,建筑群落最初自然形成,之后逐渐发展出主街,并衍生出多条小巷。这种自然生长方式赋予了街道空间层次的丰富性,建筑前后高低错落,街宽时窄时宽,既保持了整体风貌的统一性,又增添了细节的趣味性。街巷布局紧跟山体等高线,通过小巷的台阶或坡道衔接不同高差的街巷,灵活应对地形挑战。例如,杨泗庙门前小巷巧妙结合缓坡与石阶,而乾益巷在入口处设台阶,内部相对平坦。

竖向空间尺度由街巷宽度和建筑高度决定,不同宽高比营造出不同空间围合感,主街宽度与高度比例大致为1∶1,营造舒适步行空间。街巷的存在支撑着古镇的功能和居民生活,连接住宅与公共场所,承担防火排洪功能,成为居民社交交流的场所。蜀河古镇的街巷空间以其多维性和立体性,丰富了空间层次,反映了居民的智慧和创造力,体现了其独特的研究价值。

四、蜀河古镇特色文化分析

(一)蜀河古镇的文化背景

蜀河古镇文化融合了巴蜀、荆楚和秦文化,以荆楚影响最深。大规

模移民潮使蜀河成为商品集散中心，促进文化交融，形成独特地域文化。居民生活与河流、航运、贸易密切相关，对江水敬畏，如杨泗庙供奉水神杨泗将军。古镇也是多和信仰交汇地，儒家、佛家、道家和伊斯兰教在当地建筑和文化中融合，伊斯兰文化因商贸吸引回族人定居，与汉族共同影响蜀河文化。

蜀河古镇以开放包容著称，多元文化的融合为古镇塑造了独特的文化氛围。同时，人口迁徙也对蜀河古镇的文化形态产生了深远影响。明清时期的人口变动与社会政策，更是促进了文化的融合与发展。政府为稳定社会并吸引移民所采取的措施，进一步强化了蜀河“小汉口”的美誉。商会组织的形成，不仅满足了商业交流的需求，更强化了同乡之间的联络与社区纽带，更推动了蜀河文化和经济的持续繁荣[①]。

（二）蜀河古镇的独特文化形式

蜀河古镇拥有丰富的民俗文化，其中包括社火、戏曲及特色饮食等多种表现形式。

1. 社火

蜀河古镇的社火是一种具有深厚历史底蕴的传统节庆活动，通常由会馆组织举办，并融入了湖北地区的民俗文化元素。社火的表演形式多样，包括壮观的“蜀河战龙”和活泼的“蜀河滚龙”，以及深受欢迎的“火狮子”。战龙表演起源于光绪年间，由艺人肖柏古从湖北引入，以精美的竹木结构和夜间的蜡烛光效而闻名，每逢表演，街道两旁的居民会摆出供品，祈愿来年顺遂。滚龙象征着龙在空中竞逐宝珠演员以其灵活的身形和精美的造型在白天表演。火狮子源自湖北的一种古老舞蹈，现在的表演形式是结合舞狮和硫黄治病的传统演化而来，表演者赤裸上身，舞动中抖落火星，为观众带来视觉盛宴[②]。

① 王旭晨，张蔚萍．陕南地区古村镇环境景观与历史文化分析——以蜀河古镇为例 [J]. 现代园艺，2015（22）：118.

② 袁静．旬阳蜀河镇会馆建筑及其民俗曲艺文化的研究与保护 [D]. 西安：西安建筑科技大学，2007：6.

2. 戏曲

蜀河古镇的戏曲艺术表现多样，其中包括汉调二簧、渔鼓和皮影戏等独特形式。汉调二簧，又称“陕二簧”或“山二簧”，在当地戏曲中占据重要地位，分为汉江派和洛镇派两种风格，旬阳县的汉调二簧归属汉江派，其艺术风格因地理位置特殊，受到湖北郧阳和商洛地区的影响，展现独有的地域特色。汉调二簧的历史可追溯到明末清初，清末民初时期在旬阳县极为流行。渔鼓曲艺，来源于旬阳部分农村地区，曾在旬阳的汉江、旬河、蜀河流域广泛流传，但现已失传。皮影戏，在旬阳被称为“皮影子”，起源于清朝初期，民国时期极为盛行，曾影响深远。这些戏曲形式不仅极大地丰富了蜀河古镇的文化生活，还为当地居民和游客提供了精彩的艺术享受，更成为传承历史文化和研究皮影戏艺术的重要载体与宝贵资料。

3. 饮食

蜀河古镇的饮食文化非常丰富，代表性的宴席菜肴是蜀河八大件，这一传统宴席与关中地区的八大碗相似，通常包括八荤八素的规格，也有四荤四素的变体，展现了其历史悠久的饮食传统。在蜀河古镇的宴席上，宾客们围坐四方桌，长者居上座，其他人按年龄顺序依次入座。蜀河饮食文化明显受到关中文化的影响，同时也体现了地区多样性，尤其是回民较多的蜀河地区形成了独特的回民八大件宴席，展示了该地区特有的饮食文化。此外，蜀河人还偏爱传统饮品浆水，这与陕南及四川地区的饮食习惯相呼应，蜀河的菜肴口味反映了其多元文化背景，各种文化在此交融，成为当地人生活中不可分割的一部分。

五、蜀河古镇建筑形态分析

（一）蜀河古镇建筑功能分类

蜀河古镇的建筑，按其功能可归纳为以下三大类别。

1. 公共建筑

蜀河古镇的公共建筑可进一步划分为会馆、庙宇以及行政设施等。伴随着古镇航运与商贸活动的兴盛，众多商贾纷至沓来，各地移民也逐渐汇聚于此。大型商行的分支机构纷纷在蜀河设立，同时本地商会组织也逐渐形成，使得古镇商业繁荣，其中尤以八大商会最为著名。这些商会多是由来自同一地域的商贾或同乡共同创建。在这八大商会中，黄州馆、清真寺、杨泗庙等建筑各具特色。黄州馆作为纯粹的会馆，承载着浓厚的商业气息与地域文化；而清真寺和杨泗庙则兼具会馆与庙宇的双重身份，既是信徒们虔诚礼拜的精神家园，也是商会组织开展活动的重要场所。这种功能的复合性，不仅展现了古镇建筑的多元化特征，还反映了当时社会文化的交融与共生。行政设施中民国时期成立的电报局是其中的代表。虽然其建筑并非专为电报局而建造，而是由其他功能性建筑改造而来，但这并不妨碍它在古镇行政体系中发挥重要作用。

2. 商业建筑

蜀河古镇的沿街商业设施分为商住混合建筑和纯商业建筑。商住混合建筑多采用两层木结构，底层为商铺，上层为储物空间，兼具居住功能，常见于主干道两侧。这些建筑以天井院或合院式布局，前厅作为商铺，与正房、厢房构成中轴对称结构。由于地形复杂，部分建筑建于地面，部分则利用地下空间。纯商业建筑规模较大，多为大型商号分支机构，采用一进或两进院落结构，不位于主干道。这些建筑融合了多元地域特色，保持了陕南地区的传统风貌，以木材为主采用前店后宅布局，充分利用地形，形成复杂有趣的空间布局。商住混合建筑与纯商业建筑在结构、功能和布局上的差异，体现了古镇商业设施的多样性和灵活性。

3. 传统居住建筑

蜀河古镇的传统居住建筑数量众多，风格融合了巴蜀、关中、鄂西北及陕南等地的民居特色。这些民居主要分布在主干道后方的小巷中，包括院落式和独立房屋两种形式。院落式民居主要为三合院和四合院，普通家庭常见一进院落，而较富裕家庭可能拥有二进或三进院落。建筑多采用木结构，使用砖瓦为材料。此外，在后山的山坡上，分布着由石头建造的房屋，石材多取自当地，多为千枚岩、板岩和片岩，这些石头房屋是陕南地区特有的建筑风格的体现，有的民居还巧妙地结合了砖瓦与板岩，尽管这些私人住宅的工艺相比传统公共服务设施可能稍显粗糙，但其原生态建筑形态具有较高的研究价值。所有传统民居都沿着主干道后方的等高线向后山延伸。考虑到特殊地理和水患问题，建筑排水设计尤为重要，街巷上方设有泄洪槽，建筑物通常建在提高的台基上，这些台基高度从 30 至 90 厘米不等，入口通常比街巷高出至少 50 厘米，主房间的台基高约 60 厘米，院内高差最大可达 2 米，体现了对地形的适应性调整。

（二）蜀河古镇建筑的结构类型

蜀河古镇的建筑结构多样，反映了明清时期陕南地区的传统建筑风格，主要分为石木结构、砖木结构和砖瓦石板木材混合结构三大类型。

石木结构建筑，俗称石头房子，展现了陕南的独特风貌。这些建筑以石板为墙体，檩条搭在山墙上，屋顶覆盖着薄石板，尽管空间有限且需定期维护，却因其浓郁的乡土特色而极具保存价值，多为经济条件有限的家庭所建。

砖木结构建筑则以传统穿斗式结构为特点，结合抬梁式构件，适应不同地形，常见于富裕家庭和商业会馆，以青砖为主要建材。

砖瓦石板木材混合结构建筑在蜀河古镇最为普遍，得益于地理位置和低廉的石料成本。这类建筑底部用石块砌成，上部则用石板和青砖构建。

考虑到蜀河古镇降水丰富，山区雨水冲刷频繁，当地较少采用夯土建筑，而更倾向于使用砖石材料，因其更强的耐候性和稳固性。

（三）蜀河古镇建筑的空间形态

蜀河古镇的传统建筑空间形态多样，其中天井和合院是常见的空间组织手段。

天井和小院是蜀河古镇的两种空间布局。天井紧凑，适合连接建筑和通风采光；院落开阔，适合社交活动。地形起伏大，合院规模不一，土地宽裕地区偏好院落，商业区则多用天井。古镇街道平坦，后街巷多台阶和坡道，建筑建在高台基上防洪水，入口比街道高 50 厘米以上。一些四合院房间有高差，如杨泗庙入口高差达 3 米。公共建筑如黄州会馆、杨泗庙和清真寺等各具特色，黄州会馆门楼设计精巧，展现文化底蕴。商铺建筑多两层“超楼”，二层悬挑，实用且具观赏性。

1. 周宅

蜀河古镇的住宅建筑中，永安巷的周宅是一个典型例子，展示了经典的四合院结构，由早期从湖北迁居的周姓商人建造。这座单一院落住宅的地面采用青石板铺设，入口比街道高出 50 厘米，通过台阶顺畅连接，与正房之间有 90 厘米的高差。建筑结合了抬梁式和砖木结构，包括门厅、正房以及左右厢房，所有屋顶均采用硬山式设计。正房充当家庭客厅，其台基和墙体基座均由石板精细砌筑，外墙和入口部分则使用青砖，正房设计为五开间。此外，门口的石鼓和建筑物的石板与青砖结合赋予了住宅一种古朴而富有质感的外观，尽管未过多装饰，但地域特色鲜明，材料使用合理。

2. 黄州会馆

黄州会馆的空间布局沿中轴线展开(图 7-1)，包括戏台、庭院、露台、拜殿、内院和正厅等，左右厢房对称分布，入口与门前小巷之间有 2 米的高差，通过台阶实现平稳过渡。庭院通常在戏曲演出时作为观众区，平时则作为聚会或活动的场所，会馆建筑不仅满足了娱乐、办公、朝拜和聚会的多重功能，而且在空间规划上显得紧凑而合理，巧妙地利用了现有地形，体现了建筑师的智慧和高超的构思。

3. 清真寺

蜀河古镇的清真寺不仅作为回族居民的日常礼拜场所，也是社交和贸易的中心，建筑风格融入了陕西地方特色，采用二进四合院布局，由前厅至后殿依次展开，两侧厢房均为两层，承担日常办公和其他功能。

清真寺的建筑朝向考虑了伊斯兰教礼拜的方向需求,整体设计既考虑了宗教功能也注重了社交功能,体现了回族社群的精神纽带作用。这些传统建筑不仅是蜀河古镇发展历程的生动见证,也是地形地貌、环境气候及经济社会发展状态的反映,展现了当地居民在面对自然环境挑战时的智慧与创造力。

图 7–1　黄州会馆

六、蜀河古镇景观要素分析

蜀河古镇的景观按照景观的成因和属性将其划分自然型景观和人文型景观,是自然与人文元素单独提取并组合而成。两种类型的景观融洽和谐地在蜀河古镇形成体系,不但能营造四季交替的景观效果,而且遵循着规整紧凑与功能合理的节奏调整古镇的总体布局。

(一)自然景观

天然景观与人为景观中的自然类景观元素共同组成自然型景观。其中像山川河流、沙漠绿洲以及风景自然保护区等被称之为天然景观,所显现的特征是指其原生自然表面仅受到人为极小程度影响而并未发生明显改变的景观类型。而人为景观具体是指一些像村落、矿场以及城镇等长期且直接被人为影响而导致面貌发生显著变化的景观类型。蜀河古镇的自然型景观资源丰富，为蜀河古镇景观打底，秦岭、巴山山川景观和汉江流域、蜀河流域河流景观，以及当地的梯田景观是蜀河古镇独具特色的自然型景观。

（二）人文景观

蜀河古镇中涉及公共服务、设施建筑、经济生活及历史文化等方面的景观，构成其主要的人文型景观。蜀河古镇三横九纵，现存古迹古居102处，拥有省级文保单位5处、市县级文物保护点9处。首先，公共服务类主要指古镇的街巷空间、河堤路西侧的集散公共空间以及市民文娱活动广场和历史建筑等；其次，街边旅游文化商铺、生活民居空间以及本土民风民俗等构成经济方面的内容；接着是位置不同的城门、古镇石堡和石井以及入口标志性牌坊等组成设施构筑物类；最后，是体现当地帮派特色的黄州会馆、三义庙、清真寺、武昌帮以及杨泗庙等历史建筑。

第二节 蜀河古镇综合现状分析

一、蜀河古镇现状总体情况

（一）人口、社会生活现状情况

根据现有的人口数据，蜀河镇在2020年的人口为2.69万人，其中14岁以下人口占18%，60岁以上人口超过22%。蜀河古镇在人口老龄化、教育水平低和经济落后等方面面临诸多挑战，但通过政府和社会各界的努力，正在逐步推进乡村振兴和文旅融合发展，以期改善当地居民的生活质量和经济状况。

（二）产业发展现状情况

蜀河古镇通过发展工业制造、旅游服务和特色农业，形成了三产融合发展的产业体系。此外，蜀河古镇还依托其历史文化遗存，形成了以农业产业为基础、乡村旅游与康养服务为核心的农文旅融合发展模式。在用地规划方面，保留传统商住建筑，并对部分现代建筑进行改造，新建居住建筑风格应体现传统民居特色。根据旬阳县乡村振兴发展规划，蜀河古镇将重点发展生态旅游产业链，提升景区品质，并计划到2025年初步形成5A级景区。此外，蜀河古镇还计划打造一系列特色景观和旅游项目，如梦幻水世界、西门古城堡等，以深挖古镇特色，传承传统文化。

（三）基础设施建设现状情况

自旬阳市蜀河古镇文物保护和文化旅游服务中心成立以来，古镇的文化旅游事业便翻开了崭新的篇章。该中心不仅致力于保护和传承蜀河古镇丰富的历史文化遗产，更积极推动文化旅游的融合发展，为古镇注入了新的活力。近年来，蜀河古镇在市委、市政府的大力支持下，实施了多项旅游基础设施建设项目，其中包括古镇非遗文化体验与展示区，占地22542平方米；古镇码头游乐区，占地49306平方米，包含古镇门户印象区、小水河口湖面亲水区、干沟口泊岸乐园区、蜀河港码头水上航运游乐体验区等；以及游客休闲观光区。此外，景区内还建设了道路、综合管网、电力设施、环境治理、智慧停车场、标识标牌等基础设施。尽管基础设施有所改善，但古镇的旅游接待能力仍存在不足，特别是在餐饮、住宿和交通方面。

（四）人居环境现状情况

蜀河古镇地处秦岭南坡，汉江北岸，气候温和，雨量充沛，四季分明，适宜农作物种植。这里自然风光优美，空气清新，农林产品丰富，古镇边的山涧溪流、绿林翠竹等自然景观为居民提供了良好的生态环境。且蜀河古镇保留了丰富的历史文化遗迹和古建筑，如黄州馆、杨泗庙、清真寺等，这些古迹不仅展示了古镇的历史文化，也为居民提供了丰富的文化活动空间。尽管基础设施有所改善，但其人居环境仍需进一步优化，特别是在交通、公共服务和配套设施方面需要持续改进，以更好地满足居民和游客的需求。此外，部分居民区的污水排放和垃圾处理问题也需要进一步解决。

二、历史文化保护和发展面临的问题

尽管蜀河古镇在文物保护和文化旅游方面取得了一定成绩，但由于开发时间较短，发展仍不充分，在接待能力方面、开发与保护方面、空间形态与景观风貌保护提升方面存在一些明显不足。

（一）接待能力不足

旅游配套设施和基础设施建设进程缓慢使得旅游发展受到限制。"吃、住、行、游、购、娱"等方面的接待能力不足，导致旅游规模和知名度受到影响。具体来说，古镇内餐馆饭店较为分散，缺乏专门的小吃街或餐饮聚集地，且缺乏知名特色小吃，对游客的吸引力不足。住宿方面，尽管古镇街区内客栈民宿酒店齐聚，但在旅游旺季时会出现住宿难的问题。

（二）过度开发与保护不足

在历史文化名镇的开发与建设中，保护与发展的矛盾日益明显。如何在保护古镇原有风貌的同时，实现其可持续发展，是一个亟待解决的问题。随着社会经济的快速发展，蜀河古镇面临着严重毁坏或过度开发的困境。不合理的旅游开发与利用导致古镇中具有历史价值的文物成为地区发展经济的资源，没有得到很好的保护，急功近利地进行不合理的开发，使文物逐渐被破坏，甚至让古镇失去原先的历史风貌。此外保护意识的匮乏和保护理念的落后也使当地的古建筑没有得到较好的维护，反而加速了它们的消失。而传统保护与现代化进程的矛盾，使历史街区难以在现代化建设中承载其重，存在着保护体制的危机和立法滞后与开发超前的矛盾。

（三）空间形态与景观风貌的破坏

蜀河古镇的空间形态和景观风貌特色遭到一定破坏，相关保护规划缺乏一定的理论基础支撑。古镇的传统街巷空间出现特色消隐、同质化等共性症结。由于开发的不科学导致当地生态受到破坏。陕南地区历史文化名镇快速发展，城镇建设不断扩张，致使在一定单元范围内的整体格局发生改变，破坏陕南地区良好的聚落生态环境。

三、改善措施与发展规划

针对上述问题，蜀河古镇已经着手制定并实施一系列改善措施和发展规划。为了强化旅游产品的多样性和文化内涵，古镇正在积极策划各类旅游推介活动，通过这些活动展示古镇的独特魅力和历史文化底蕴。同时，古镇也在尝试与其他知名旅游景点进行联动，共同打造更加成熟、更具吸引力的旅游路线。此外，古镇注重非物质文化遗产的保护和传承，如船帮、商贸、饮食、民俗等四大文化的挖掘和展示，并通过文化创意产品的研发，提升游客的体验感和参与度。

四、文化传承与创新

蜀河古镇，这座汉江上游黄金水道上的商贸重镇，历史上便享有“小汉口”之美称。其古色古香的建筑群落依山傍水，布局井然，以“三横九纵”的形态展现了独特的地域风情和历史脉络。综上所述，蜀河古镇在文化传承与创新方面取得了显著成效。通过保护历史文物、挖掘非遗资源、丰富旅游业态等多措并举，古镇成功地将传统文化与现代旅游相结合，实现了文化传承与经济发展的双赢。这一模式不仅为蜀河古镇的未来发展奠定了坚实基础，也为其他古镇在保护与发展方面提供了有益借鉴。

第三节　蜀河古镇景观设计方法与历史文化保护策略

一、蜀河古镇景观设计方法

蜀河古镇，这座镶嵌在中国历史文化长河中的璀璨明珠，其环境景观的装饰艺术不仅是对深厚文化底蕴的传承，也是对当地居民生活信仰和价值观的直观展示。因此，本节内容将详尽阐述蜀河古镇的环境景观装饰实践，旨在为古镇在现代化进程中的转型和文化传承提供有益借鉴。

（一）蜀河古镇环境的装饰设计

在中华传统建筑与环境布局中，装饰元素屡见不鲜，其种类繁多、工艺精湛，且富含吉祥之意。地域文化的差异和民族的多样性导致建筑与环境的装饰主题和形态各异。

蜀河古镇，作为多地域文化交融之地，其装饰风格自然独树一帜，别具一格。古镇中众多保存完好的古老建筑，尤其是精美的装饰细节，令人叹为观止。当地的一些会馆更是其中的佼佼者，装饰元素尤为丰富。昔日的蜀河古镇作为商贸重镇，经济繁荣，商会云集。商贾们在积累财富的同时，也致力于提升自身形象，因此不惜斥巨资打造奢华的会馆与府邸。这些会馆的内部装饰，无论是题材选择、材料运用，还是艺术表现手法，都深刻反映了富商阶层的文化理念和价值取向，传递出他们对财富、长寿及子孙满堂的渴望与追求。

蜀河古镇中的装饰题材设计方法丰富多彩，反映了当地深厚的文化底蕴和居民的生活信仰及价值观。这些装饰设计方法的运用不仅体现了蜀河古镇居民对生活美好愿景的追求，同时也反映了他们对自然、社会和文化的深刻理解与尊重。通过这些精致的装饰，蜀河古镇的建筑和景观不仅提升了视觉美感，更在无声中传达了丰富的文化信息和地方特色，成为了解当地历史文化和社会经济背景的重要窗口。

1. 蜀河古镇景观的装饰题材

蜀河古镇环境景观中的装饰题材丰富多彩，反映了深厚的文化底蕴和当地居民的生活信仰及价值观。在这些装饰中，可以明显看到对动植物、生活用具、文字等题材的广泛运用，而人物题材相对少见。

（1）云纹主题：蜀河古镇的建筑以其精美的云纹装饰而闻名，这些图案不仅美化了建筑外观，还体现了丰富的文化内涵。云纹广泛装饰于屋檐、梁柱等部位，使得古镇建筑展现出和谐美感与动态层次。既展示了工匠技艺，也反映了居民对自然的敬畏以及对生活的理解。例如蜀河古镇杨泗庙、清真寺的建筑群中的云纹状封火山墙，这些墙体不仅承担着防火的实际功能，更以其精美的装饰艺术成为古镇建筑的一大特色。云纹状的设计灵感来源于自然界的云朵，寓意着吉祥如意、高远缥缈。工匠们运用细腻的雕刻技法，将云纹图案巧妙地融入墙体之中，使墙体看起来如同被流动的云雾所环绕，既增添了建筑的灵动之感，又寄托了人们对于美好生活的向往。

（2）动植物主题：蜀河古镇在动植物的装饰设计中融入了丰富的象征意义。例如，蝙蝠和灵芝常用来象征福寿，蝙蝠的发音与“福”接近，而灵芝则历来被认为是长生不老的象征。鲤鱼和仙鹤则象征连年有余与长寿。此外，牡丹和梅花鹿等被用来象征财富和高贵。凤凰题材常用以表达人们对好运、福气和吉祥的期盼。蜀河古镇的凤凰题材（图 7–2）寓意丰富多样，不仅代表着祥瑞、吉祥、爱情和美满婚姻，还象征着高贵、美丽以及承载着宗教和哲学意义。这些装饰元素不仅美化了空间，更加深了建筑与自然的和谐共生。

（3）生活用具主题：如意是中国传统文化中的吉祥物，代表着事事如意、心想事成。在蜀河古镇的装饰中，如意图案常被用于门窗、墙面等处的雕刻或彩绘。同时，花瓶也是常见的装饰元素，象征着平安与富贵。古镇居民还将一些日常用品如扇子、茶具等转化为装饰元素，通过艺术化的手法将其融入建筑装饰中，既体现了生活情趣又富有创意。

图 7-2　凤凰题材

（4）吉祥富贵的寓意题材：蜀河古镇的建筑装饰中，吉祥富贵的寓意题材无处不在。这些题材通常以雕刻、彩绘或镶嵌等形式，被巧妙地融入建筑的各个角落。例如，在建筑的门楣、窗棂、梁柱等显眼位置，常常可以看到以金鱼、莲花、牡丹、寿桃等象征富贵吉祥的图案；而在建筑的屋顶、檐口等高处，则常常雕刻有龙、凤、麒麟等神兽形象，寓意着权力和地位的崇高。此外，还有一些以文字形式表达的吉祥语，如“福”寿”“喜”等，被巧妙地嵌入建筑的装饰之中，既增添了建筑的趣味性，又寄托了人们对于美好生活的向往。

（5）单色彩绘：蜀河古镇的建筑装饰中，单色彩绘是另一大亮点。与繁复的多彩绘画相比，单色彩绘以其简洁明快的色彩和精致的图案，展现出一种独特的韵味。这种装饰手法通常采用鲜艳而持久的颜料，如朱红、墨黑、宝蓝等，通过细腻的线条勾勒和块面填充，形成一幅幅生动形象的画面。这些画面往往以传统故事、神话传说或吉祥图案为主题，如莲花盛开、龙凤呈祥、麒麟送子等，寓意着吉祥富贵、平安幸福。单色彩绘不仅增强了建筑的视觉冲击力，还通过其丰富的文化内涵，传递着古镇人民对于美好生活的追求与期盼。

综上所述，蜀河古镇的建筑装饰设计以其独特的艺术风格和深厚的文化内涵，彰显了古镇的魅力。无论是华丽的云纹状封火山墙、单色彩绘还是吉祥富贵的寓意题材，都以其精湛的技艺和丰富的寓意，成为古镇建筑不可或缺的组成部分，也为游客们留下了深刻的印象。

2. 蜀河古镇环境景观的装饰性构件设计方法

在蜀河古镇的环境景观中，装饰性构件的设计方法体现了对传统工艺的细致运用和对地域文化的深刻理解。以下是该古镇中几种主要的装饰性构件设计方法。

（1）木饰手法

门窗设计：蜀河古镇一些门窗设计采用实木拼门的风格（图 7–3），这种门由整块木板拼接而成，结实耐用，适合于需要强化安全的建筑。门的设计简洁，大多涂以红漆，部分高端建筑的门采用优质木料并装饰有简单的图案。内部门则采用隔扇门，这种门的上部通常带有精美的雕刻，以提供通风和采光，同时增添美观。

图 7–3　实木拼门

窗户设计：蜀河古镇的窗户设计多样化，常见的类型包括支摘窗、直权窗和横披窗等。这些窗户形式各具特色，以满足室内的舒适性。支摘窗通常采用木框架结构，窗扇可以灵活开启，方便调节室内空气流通；而直权窗则以其简洁的线条和对称的布局，这些窗户设计不仅满足了功能性需求，如改善通风和采光，同时也考虑到了当地潮湿的气候条件。（图 7–4）

图 7-4　窗户样式

（2）石饰手法

柱础：蜀河古镇的柱础不仅是传统建筑中承担结构重量的关键元素，更是古镇深厚文化和艺术价值的体现。蜀河古镇的柱础通常由石材构成，用于增强建筑的结构稳定性，并装饰性地展示地域特色，如常见的鲤鱼、如意等吉祥图案（图 7-5）。这些位于柱底的石制构件，不仅稳固地支撑着建筑，抵御地面湿气的侵蚀，还以其精美的石雕工艺和吉祥图案如云纹、莲花、龙凤等，传递出古镇居民的信仰和审美情趣。每一根柱础上的纹饰和图案都是对权力、尊贵、纯洁和高雅的象征，同时也是工匠们精湛技艺的展示。它们作为古建筑的一部分，不仅承载着丰富的历史信息，而且建筑的样式和纹饰还能帮助我们推断其年代和当时的文化背景。蜀河古镇的柱础在形状、大小和装饰上的多样性，反映了不同时期建筑的功能需求，是古镇建筑多样性的见证。

图 7-5　柱础的纹样

抱鼓石：抱鼓石作为中国传统文化中不可或缺的建筑构件，不仅在传统民居和祠堂建筑中占据着举足轻重的地位，更是权力与地位的象征。这些形似圆鼓的石雕坐落于建筑入口的两侧，以其精美的装饰和深厚的文化内涵，吸引着世人的目光。在蜀河古镇，抱鼓石常常被雕刻上龙凤、狮子、花卉和云纹等吉祥图案（图 7-6），不仅增添了建筑的美观，也富含了丰富的文化寓意和祝福。它们在结构上承担着支撑门框、加固建筑的重要作用，能够承受门楣的重量，保护门框免受风雨的侵蚀。

图 7-6　石鼓

（3）砖饰手法

墀头：蜀河古镇的墀头是这一地区传统建筑中的独特装饰元素，以其在屋顶硬山式设计中的位置显得格外引人注目。它不仅是建筑屋顶与台基相接的部分，具有屋顶延伸和加固的实用功能，增加了建筑的视觉宽度和层次感，还保护了墙体免受雨水的侵蚀。作为古镇建筑的一部分，墀头承载着历史信息，其风格和装饰的变化反映出不同历史时期的建筑特点和文化趋势。蜀河古镇的墀头在设计和装饰上融入了地方特色，与古镇的地理环境、文化背景和居民的生活方式相契合，展现了蜀河古镇独有的风貌。作为硬山式屋顶的装饰元素，墀头通过延伸墙体至台基边上，形成视觉的扩展，通常作为建筑的装饰重点（图 7-7）。

图 7–7　墀头

墙体设计：蜀河古镇的墙体设计大多采用当地特有的青砖构建，不仅因其结实耐用和良好的保温性能而适应了当地多变的气候，而且随着时间的流逝，青砖墙上的自然色彩和纹理，以及岁月留下的斑驳痕迹，更赋予了古镇建筑一种朴素而典雅的历史感。在结构上，墙体设计注重稳定性，通过使用拉铁等特殊构件加强木构架与墙体的连接，确保了建筑在面对自然灾害如洪水和地震时的稳固性。同时，墙体不仅是承重的结构，也是装饰艺术的展示平台，精美的砖雕或石雕装饰其上，常见的吉祥图案如莲花、云纹、龙凤等，不仅增添了建筑的美感，也蕴含着丰富的文化象征意义，反映了古镇居民的价值观和生活方式。此外，墙体设计还考虑了环境适应性，厚实的墙体在炎热夏季保持室内凉爽，在寒冷冬季抵御寒风，与周围环境和谐共生。

（4）藻井和卷棚

藻井：蜀河古镇中的藻井设计简洁，常见于会馆和庙宇的顶棚中，如八边形结构，用来装饰顶部空间，同时增强建筑的视觉层次感。藻井常见于乐楼顶棚和清真寺窨穴顶部，其设计简约而不失美感。黄州会馆戏台的八边八层藻井尤为精美（图 7–8），各层次雕刻主题丰富，展现了精湛的工艺。同时，卷棚作为古代中国南部民居的天花装饰，以轻盈美观的造型和独特的制作工艺而著称，清真寺大殿与讲堂间便巧妙运用此结构形成优雅轩廊。这些传统建筑装饰不仅美观，更承载着深厚的文化底蕴。

图 7-8 藻井

卷棚：卷棚作为该地区传统建筑中一项独具特色的结构，不仅在实用性上发挥着重要作用，更是古镇文化内涵和审美价值的集中体现。这些轻盈而稳固的木架结构，不仅巧妙地支撑起屋顶的重量，还为建筑内部勾勒出一个连续而平滑的空间，其设计既满足了功能性的需求，又展现了对和谐、平衡的追求，成为研究蜀河古镇传统建筑艺术和文化精髓的宝贵资源。

这些装饰设计不仅彰显了蜀河古镇建筑的传统美学，也反映了居民对自然环境的适应性以及对文化传统的尊重。通过这些精心设计的装饰性构件，蜀河古镇的环境景观丰富了视觉层次，增强了文化内涵。

（二）蜀河古镇景观塑造方法

1. 蜀河古镇景观设施的设计方法

①优化休憩设施。游客在参观游览过程中追求的是一种轻松自在的体验，他们期望在漫步古镇的同时，能够随心所欲地停留、交流与留影。休憩设施为游客提供了这样的便利，使他们能够以不同的节奏感受古镇的魅力。鉴于蜀河古镇当前休憩设施的匮乏，这不仅影响了街巷与院落的利用率，还降低了游客与居民的游览与生活体验。因此，在推进

蜀河古镇的保护性设计时,应根据不同空间的特性,恰当地增设休憩设施,从而满足公众的基本需求。

②打造完善的标识指引系统。对于任何旅游胜地而言,标识引导体系是衡量其对游客友好程度的重要指标。当游客初次探访一个陌生地域时,一个清晰、准确的标识系统能显著提高游览的顺畅性,并降低游客的陌生与不安感。这一系统主要涵盖指示牌、旅游地图等元素。尽管蜀河古镇已有基础的标识导向,但在覆盖广度与指示清晰度上还有待强化,需通过详尽的规划来增强游客对古镇空间的参与感。

③增设景观小品,深化文化内涵展现。景观小品是直观展现地域特色与文化底蕴的有效手段,同时也有助于丰富古镇的环境景观。诸如景观雕塑、建筑小品、墙饰以及廊架等,其主题常直接反映当地的历史文化特色。目前,蜀河古镇尚缺乏此类景观小品。因此,在进行景观设计时,应着重在街道与小巷中融入这些元素,以充分利用现有空间,进而强化古镇的文化氛围与环境景观的多样性。

④完善生活服务设施。包括垃圾收集设施、饮用水供应点、公共卫生设施、公交站点及垃圾处理设施等。这些设施对于提升游客的游览体验与保障居民的日常生活质量至关重要,同时也有助于维护古镇的环境美观。鉴于蜀河古镇在此类设施上的明显不足,我们应根据实际需求增加相应设施,并结合当地特色进行设计布局。

2. 蜀河古镇铺装塑造手法

蜀河古镇传统的地面铺装大多采用当地特有的石板材料,这些石材因其卓越的耐用性而广受欢迎。然而,历经数世纪的磨损,许多铺装已出现损坏,因此亟须进行修缮。在执行修复任务时,应优先考虑采用本土的石材,或者复用旧的石材,确保古镇街道风貌的协调一致。同时,对于某些关键的节点位置,可以考虑对铺装进行重新设计,以增强蜀河古镇的环境美学价值。

在修复工程中,优先考虑采用本土出产的材料,或者选用与原有铺设材料相一致的材质,甚至可以探讨旧石材的再利用方案。对于路面的铺设,主体部分可以考虑使用石材或青砖,而在边缘地带,则可利用马蹄石或鹅卵石来增添装饰性元素。古镇内部分街道的水泥地面与台阶应进行改造,以确保铺装风格的统一性。在街道交汇点及核心景观区域，应实施特别的铺装设计，旨在突显这些重要节点的独特性，并为古镇的整体景观增添多样性[①]。

为保障古镇在降雨天气下的顺畅排水，应在街道两旁规划雨水槽，并大约每隔10米配置一个雨水排放口，其上方可用石材加以覆盖保护。同时，出于对视觉障碍者及行动不便人士的关怀，古镇的入口以及关键景点如黄州会馆、清真寺等位置，应增设无障碍设施，例如坡道和盲道。这些设施也应采用当地特有的石材进行铺设，并严格按照无障碍设施的设计规范来执行。

3. 蜀河古镇绿化设计方法

蜀河古镇自然生长的草木、花卉和树木构成了现有的环境绿化。然而，这种自然形成的绿化布局显得较为零散，既缺乏规律性也缺少设计感。同时，古镇内部的绿化覆盖率相对较低，这对于古镇的水土维持、日常遮阴需求以及整体景观美感的营造均构成了一定的限制。植物不仅是构成环境景观的核心要素，还能对古建筑提供必要的保护。为了全面提升蜀河古镇的环境品质，并满足多元化的需求，古镇的保护性设计中应着重考虑植被的种植规划。

通过精心设计来强化古镇的绿化覆盖范围和植物多样性。在植被选择上，应优先考虑当地特有的乡土植物，这样不仅能更好地适应当地的生态环境，还能通过丰富的植物层次来营造多样化的景观效果。通过巧妙运用不同季节植物的色彩和形态变化，可以进一步烘托出蜀河古镇深厚的历史底蕴。此外，对于古镇内现有的大型树木和古老树木，应给予特别的保护，并可以围绕这些树木打造独特的景观节点，使之成为古镇景观的亮点。

（三）蜀河古镇滨水景观设计方法

古镇与水的不解之缘，是这片土地上居民世代相传的宝贵记忆。将这份与水共生的历史情怀，转化为居民和游客美好生活体验的蓝图，是摆在我们面前的一项重要任务。

---

① 王旭晨．陕南蜀河古镇环境景观及历史文化保护与发展研究[D]．西安：西安建筑科技大学，2016：16.

首先，在对古镇的滨水景观进行设计的过程中，需着重于河岸植被的恢复和水质的净化，精心编织自然生态与人文历史的和谐交响，致力于保护古镇珍贵的水资源，同时为居民和游客带来丰富多彩的体验。通过这一设计，不仅可以让河流及其周边自然环境的保护被赋予极高的优先级，还能通过实施生态恢复工程，比如河岸植被的恢复和水质的净化，来维护水体的自然生态平衡，维护河流的自然生态平衡。这不仅有助于保护生物多样性，还能增强河流的自我净化能力，确保水质的清洁。

其次，滨水区域在空间规划上常常蕴含着丰富的历史文化价值。通过景观设计（图 7-9），可以有效地保护和展示这些文化遗产，增强公众对古镇特色和历史的认识，促进文化传承。因此，可以将整个的滨水空间可打造成一个多功能人群聚集地，例如将其划分为休闲广场、文化活动区、儿童游乐区等不同功能区域，满足不同年龄和兴趣群体的需求。此外，为了让居民和游客有机会更亲近水边，享受水景，可以通过建设亲水平台和步道，为居民或游客提供休闲和观赏的场所，增强人与水的互动，提升游客体验。这些功能空间可以打造成为连接人与自然、过去与现在的桥梁，让人们在享受现代生活便利的同时，也能感受古镇的历史韵味。让古镇的历史文化元素被巧妙地融入滨水区域的设计中，让游客在享受自然美景的同时，让古镇的故事得以流传。

再次，优化滨水景观不仅能为居民提供更多休闲和社交空间，增加户外活动选择，还能提升居民的生活质量和健康水平，增强社区凝聚力。同时，美观且功能性强的滨水景观能显著提升古镇的整体形象，成为城市品牌的亮丽名片，增强城市竞争力，吸引更多投资和人才。所以在对古镇滨水景观进行设计过程中需要重视细节，例如照明。照明系统的设计能够巧妙地提升蜀河古镇滨水区域的夜景观赏性，一方面可以为夜晚的古镇增添了一抹神秘的色彩，还极大地增强了夜间的安全性。另一方面，精心布置的灯光与波光粼粼的水面交相辉映，还可以创造出一种独特的夜间氛围，去吸引游客在夜幕降临后依然流连忘返。这些灯光不仅为游客提供了安全舒适的夜间游览环境，还使得古镇的夜色更加迷人，让每个角落都充满了诗意和浪漫，使得蜀河古镇的夜晚成为一个充满魅力和活力的旅游体验。

图 7-9　蜀河古镇滨水景观设计效果图

最后，蜀河古镇特殊的地理位置也是一把双刃剑，在带来机遇的同时，也让古镇时常受到洪水的侵扰，所以在设计中必须考虑到洪水等自然灾害的影响，加入防洪措施，如设置防洪墙、建设可调节的水位系统，确保古镇和居民的安全。

为更好地管理洪水和雨水，减少城市内涝风险，提高古镇对气候变化的适应能力，保障居民的生命财产安全，政府也需制订滨水区域的持续性管理计划，确保景观的长期维护和管理，包括植被管理、水质监测、设施维护等，保障滨水景观的可持续发展。

以上设计方法的实施，可以让蜀河古镇的滨水景观成为居民休闲娱乐的好去处，也可以使其成为展示古镇历史文化的窗口，为游客提供了独特的旅游体验，有助于提升古镇的整体形象，促进旅游业的发展，同时保护和传承古镇的自然和文化遗产。通过这样的滨水景观设计，蜀河古镇不仅能够保留其独特的历史韵味，还能够展现出现代的活力，成为一个兼具传统与现代、自然与人文的旅游目的地。

二、蜀河古镇景观的历史文化保护策略

(一)设定保护设计目标与整体规划

1. 设定保护设计目标

蜀河古镇街巷空间保护与改造的目标是维护街巷空间、优化景观设施,并展示本土文化和技术。核心是全面保护古镇环境和历史文化风貌,保持街巷和建筑格局稳定。需细致调整影响古镇形象的建筑、设施和居民行为,提升居住和游览体验。

在历史遗址和古建筑的保护与修复方面,着重于"修旧如旧"的原则,致力于恢复其原有的历史风貌。在修复过程中,将严格选用与原建筑相匹配的材料和工艺,或巧妙地利用完好的老旧砖瓦来精心修复古建筑,旨在生动展示蜀河古镇历经百年的繁荣景象以及丰富多彩的建筑、景观和艺术魅力。

对于主要街道和民居的保护,摒弃了博物馆式的静态保护方式,转而注重保留古镇的生活气息,致力于逐步恢复老街的功能,助力传统老字号的复兴,并保持古镇的生活状态和真实场景,使其成为古镇风貌不可或缺的一部分。

尽管蜀河古镇拥有众多重点文物保护单位,但整体保护工作不能仅仅局限于修复和保存,还需要充分考虑当地居民的需求,致力于提升他们的生活水平和生活设施。在保护古镇整体风貌的同时,顺应社会发展的自然规律,力求实现古镇的可持续发展和文化传承。

通过这些综合措施的实施,期望能够实现蜀河古镇的可持续发展和文化传承的双重目标,平衡保护与发展的关系,确保历史文化遗产得以传承,同时也满足现代社会的发展需求。

2. 设定保护设计的整体规划

在规划蜀河古镇的保护设计时,必须全面考虑到该地区的历史建

筑、街巷布局、民俗文化及自然景观等多种价值，这些因素共同构成了古镇的独特风貌。蜀河古镇的保护设计应以尊重和维护其现有的历史文化和自然景观为核心，通过细致的区域划分和针对性的保护措施来实现全面保护。在进行设计之前，需要深入评估古镇内各个区域的景观及历史意义，设立核心保护区、过渡性保护区及文化生活体验区等不同保护区域。核心保护区应重点保留古镇的历史风貌，避免大规模拆建，保持原有的建筑结构和材料，增设必要的现代服务设施，以提升游客体验。过渡性保护区则应在维护历史风貌的基础上，适度引入现代设施和功能，以满足居民和游客的需求。文化生活体验区应充分展示古镇的民俗文化和生活场景，通过活化利用和适度开发，提升古镇的文化吸引力和旅游价值。通过科学规划和综合施策，蜀河古镇不仅能保留其独特的历史文化遗产，还能在现代社会中焕发新的生机和活力，实现保护与发展的双赢[①]。

过渡性保护区是核心保护区的外围地带，古建筑和景观较少，保护工作要维护现有建筑原貌，改造现代建筑以融入历史环境，并在未利用空间营造吸引人的景观节点，促进交流互动。

对于历史建筑，要优先修复保护；现代建筑则调整外观和装饰以融入古镇环境。该区域还应作为古镇与现代环境的缓冲区，保护古镇历史风情。

生活体验区主要设置旅游和文化体验设施，风格需与古镇协调，遵循古镇建筑技艺，保持历史风貌。未利用地块规划为休闲区，增加绿化提升舒适度和美感。

生活体验区是现代社会与古镇交汇点，满足现代旅游需求同时保持古镇传统文化风貌，实现保护与发展的和谐共生。

（二）对建筑群落及空间进行整体保护与改造

蜀河古镇，这座往昔汉水流域的商贸要地，因其深厚的文化底蕴和多元的风格而别具一格。古镇的建筑与景致，不仅彰显着陕南的地域风情，更兼容并蓄了各式建筑艺术之精髓。其街道设计犹如鱼骨般向后山蜿蜒，这种对地形的巧妙运用，与当代城市规划的理念不谋而合，彰显

① 王旭晨．陕南蜀河古镇环境景观及历史文化保护与发展研究[D]．西安：西安建筑科技大学，2016：15．

了古人们的超凡智慧。

在蜀河古镇的保护与更新进程中，对会馆建筑、古老民居以及现代砖混结构建筑的关注尤为突出。会馆建筑作为古镇的文化瑰宝，深入挖掘其历史原貌，对其空间布局进行优化，并恢复那些遗失的建筑部件与装饰。更具体地说，近现代增建的部分被拆除，整体结构得到加固，受损的梁柱、砖瓦、石材以及装饰细节均得到了精心修复。同时，巧妙地将会馆建筑与本土民俗文化相融合，例如利用古老的戏台演绎地方戏曲，将其他空间改造成文化展览或体验区，并对中庭的景观进行提升，从而增强了会馆的互动性和吸引力。

对于传统民居建筑，采纳保护性修复的方法。对于砖木、石木以及砖石木混合结构的民居，修复缺失的细部装饰，诸如雀替、门头和门窗的雕花等。在修复过程中，选用了与原始建筑相同的材料，加固了整体结构，并替换了损坏的部件。在保持建筑整体色调一致的同时，对彩绘部分也进行了原貌保留，以此留住古镇的岁月痕迹和历史韵味。此外，还对民居的水电线路进行了贴心改造，以贴合居民的实际生活需求。

对于现代砖混建筑，主张以保留并改造为主，这些建筑多位于古镇的外围以及过渡性保护区和生活体验区内，主要对建筑的外观和立面进行改造，例如增添了马头墙元素、将平屋顶变为坡屋顶并覆盖瓦片，同时融入了其他建筑装饰元素。建筑的色调亦与古镇整体保持和谐。改造的目的是使这些现代建筑在地域化改造后能融入古镇的整体历史风貌。

古镇建筑上的附属构件对整体风貌的塑造起着重要作用。因此提出统一设计建筑招牌、广告牌等方案，将古镇的传统文化元素融入其中。同时，对建筑的台阶也进行了改造，选用了与古镇街道铺装相同的石材，以确保古镇的细节与整体历史风貌保持和谐统一。通过这些综合举措，蜀河古镇不仅能珍视其独特的历史文化遗产，还能在当今社会中焕发新生，实现保护与发展的共赢。

（三）强调建筑技术与文化传统的继承

在蜀河古镇的保护与利用进程中，应深刻关注对本土精湛建筑技艺及丰富文化传统的继承与发扬。蜀河古镇的建筑风貌，在主要体现陕南地方特色的同时，也融合了多元化的建筑艺术元素，再加之其特有的自然地理环境，共同塑造了蜀河古镇别具一格的空间景观特色。

现如今，尽管古建筑保护与修复学科已经逐渐成熟，但针对如蜀河镇这类具有鲜明地域特色和独特建筑手法的古镇，其保护与修缮工作仍然高度依赖于本土经验丰富的传统工匠。但令人遗憾的是，目前精通蜀河特有建筑手法的专家已逐渐稀少，这无疑给蜀河古镇的保护事业带来了潜在隐患。

故而，在深入推进蜀河古镇的保护与利用工作时，必须将重心放在对本土古建筑构建手法的全面梳理与切实继承上。通过编纂详尽的文献资料，记载并传播这些宝贵的建筑手法，以期在更广阔的领域内实现其推广与继承。此举不仅能够为古建筑研究领域带来新的研究视角，更能为蜀河古镇的长期保护与稳健发展打造坚实基础。

（四）主街功能结构调整

在对蜀河古镇的主街道功能布局进行优化时，重点考虑了提高街道的通行效率并加强步行友好性。通过重新调整既有街道的布局，增强主街及重要巷道的通行效率，确保古镇街道与外部环境之间的无障碍连接。这种设计消除了空间障碍，使古镇更加开放和便捷。

设计策略着重于构建一个以主街为中心的景观步行网络，该网络向外辐射到其他关键街巷，确保游客可以轻松访问古镇的每个角落。此外，特别注意了核心保护区域内紧急救援通道的设置，以提高安全性和应急响应能力。

沿古镇河岸开发了亲水走廊，并在其周围设计了水边景观带。这不仅有效利用了古镇周边的水域资源，而且极大地丰富了游客的游览体验，使人们能够在享受自然美景的同时，深入感受古镇的文化和历史。

（五）街巷空间保护与改造设计

在蜀河古镇街巷空间保护与改造的设计实践中，核心目标是维持并复原街巷的原始风貌特色。为此，需要采取一系列措施，包括移除或改造影响街道视觉通透性和行人通行的临时摊位、管道和违章建筑。同时，为了维护主街的视觉和风格统一，店铺招牌、雨棚和建筑材料都将进行统一风格的设计和改造。

改造方案特别关注主街入口和较宽街巷交汇处的景观设计,这不仅增强了空间的吸引力,还借助景观小品和恰到好处的广场设计提升了其实用功能。这些入口广场不仅作为人流的集散地,还确保了足够的开放性,并配备了基础公共设施,如导览图、休息座椅和卫生设施,实现了美观与实用的完美结合。

街巷空间的节点设计注重尺度的适宜性,通过设置小型景观雕塑和树池座椅等元素,丰富了街道的视觉层次和使用功能,促进了主街与小巷之间的自然衔接与过渡。这些设计不仅满足了居民的日常需求,也为他们创造了更多的户外活动空间。

在整个街道的景观设计中,沿街的绿化和公共设施是重点考虑的因素。在主街道上,新增的树池座椅和具有当地文化特色的主题雕塑不仅美化了环境,也提升了游览体验。同时,通过完善的游览导视系统和景观灯柱等设施的设置,确保了空间的流通性和功能性。对于街巷的铺装,在保留原有风格的基础上,使用当地传统石材修复了损坏的部分,维护了古镇的历史连续性和文化真实性。在一些特殊的节点上,还设计了具有特色的铺装造型和地面浮雕,这些细节既体现了经济实用性,又强化了古镇的原生态风貌和特色。

第八章　陕南后柳古镇景观设计个案研究

本章将对后柳古镇的景观环境要素进行剖析，有人为活动、自然环境以及文化氛围等诸多维度，以期深刻把握古镇景观的构造和独特之处。随后，借助SWOT分析，进一步探究评估后柳古镇景观的现状、挑战和机遇。立足于此，将阐释具有针对性的设计思维与方略，尤其着重在景观规划如何巧妙结合文化保护的理念。最后，通过实际设计案例，展示后柳古镇景观设计的过程和成果，为传统古镇的景观规划提供参考。

第一节　后柳古镇景观的环境要素分析

一、人为景观环境要素分析

（一）地理区位

后柳镇，隶属于安康市石泉县，坐落于石泉县城以南约 15 公里的汉江之滨，地理位置得天独厚，北可通关中平原，南达川渝地区，东可延伸至中原和湖广一带。镇区自然环境独特，位于汉江上游北岸，汉江水面在此宽约 400 米，同时中坝河自东向西流经镇区南侧并注入汉江。后柳镇因“三山夹两水，一镇坐其中”的独特地貌，自古以来在汉江沿岸的商贸和交通网络中占据重要地位，其山水相间的地理布局不仅赋予了宜人的自然景观，也为交通和经济的蓬勃发展提供了优越条件。

（二）选址与布局

在选址策略与空间规划布局方面，后柳镇设计者展现出了深思熟虑和独特眼光。与陕西关中及陕北高原的传统方式不同，后柳镇在丘陵与河谷间平缓低山坡地选址，显著高于河床并综合考虑山体、水源和道路等多重因素。小镇沿交通干线布局，确保近水源且位于河谷高位，紧挨丰饶农田，既优化农耕又规避洪水风险。其地理位置西北靠山、东南临河，夏季引入凉爽东南风，冬季则借山脉阻挡寒风。在后柳镇的实际应用中，利用 GIS 软件分析，确定其聚落平面类型为条带型，且整体布局受自然环境影响，依山望水伴田，建筑多沿道路或河流布置，形成了带状发展的格局。镇区外围的建筑组团则因地形限制而布局零散，但各组团相对独立。

（三）街巷

后柳镇的街巷早期由四条主街（上街、下街、横街、草街，其中草街已因洪水转为农耕用地）构成。现已发展为“五横一纵”的街巷布局，其中“一纵”指石蒿路，“五横”是与石蒿路相交的五条横向道路。此外，还保留了一段200米长的明清时期历史老街。后柳镇的内部结构由街道、建筑及其边界构成。建筑群通过规律排列组合形成错综复杂的街巷网络，与建筑共同影响镇区整体布局，主要沿交通线路延伸，形成鱼骨式排列。外围建筑则依据地形自由布局，边界不明显，建筑群相对独立。

街巷尺度与建筑高度的比例关系显著影响居民的空间感受。主干道宽高比大于1，便于车辆通行；支路和老街宽高比接近1，提供舒适环境；窄巷道的宽高比小于1，具有导向性但可能带来压迫感。滨水街道的独特布局增添了视觉与感受的多样性，街巷尺度的变化带来丰富的空间体验。

（四）建筑

1. 建筑类型

后柳镇的建筑可归纳为以下三种核心类别，每一种都承载着独特的历史与文化意义。

（1）居住建筑

居住建筑在后柳镇中占据主导地位，它们主要沿着老街和支路两侧延展。此类建筑依据形态差异，可细分为传统民居与现代式建筑两大子类。①传统民居：深受多元文化熏陶，它们巧妙融合了陕西、湖广、巴蜀等地的建筑风格及本土移民文化元素。这些民居多采用木材与砖材构建，不仅彰显了地域性与民族性，还映射出丰富的文化内涵，多矗立于道路两侧，生动展现了居民原始的居住风貌。②现代式建筑：则主要簇拥于镇区的西部与西北部，多为新建的住宅区或商业楼盘，外观以白色与灰色调为主，彰显出现代都市的气息。

（2）公共建筑

后柳镇拥有多处重要的标志性公共建筑，如中国人民银行旧址、石佛古寺和火神庙。石佛古寺原位于镇西，后迁至柏桥村，内有珍贵的石刻佛像和“古石佛寺”青石牌匾。火神庙历史可追溯至明末清初，保留有石门与佛像，见证了古城的辉煌历史。

后柳镇的现代公共设施，如镇政府、派出所、供电所、卫生院和中小学等，设计风格简约现代。然而，这些设施在环境与功能的协调性方面还有待提升。

（3）前店后宅式建筑

前店后宅式建筑则是老街两侧的一道独特风景线，它们巧妙地将商业与居住功能融为一体。这种建筑模式通过将住宅前厅改造为商业空间，而将居住区域置于建筑后端，并围绕天井构建空间布局，从而实现了功能的优化配置，既满足了家庭的日常需求，又兼顾了商业运营的需要。

2. 建筑选址

后柳古镇的建筑选址充分考虑自然环境，尤其是地形和水文条件，以及日照和通风等因素。建筑布局因地制宜，传统建筑多位于河谷地带，利用较平缓的坡度，并集中分布以优化采光和通风。建筑形式主要包括合院式和“一”字形，均顺应地形布置，尤其在山区或阳面地带，建筑较为分散，形态自由。

3. 传统建筑平面布局

古镇传统建筑的平面布局展现出多样性，涵盖了“一”字形、“L”形、“U”形和合院式等多种类型。每种类型都根据功能需求和地形条件进行了优化设计：“一”字形建筑以其简洁的线条和线性的功能排布为特点，侧面通常开放作为庭院，非常适合满足基本的生活起居需求；“L”形建筑则通过增加纵向或横向的元素来扩展空间，不仅提供了更好的光照条件，还增加了居住的隐私性；“U”形建筑以其三面围合的特点，提供了较大的庭院空间，非常适合大家庭居住，增强了居住的围合感和归属感；合院式建筑则强调中轴对称的设计理念，庭院宽敞，充分反映了传统儒家文化的影响，其结构严谨，功能完备，既支持商业活动也适合居住。

4. 建筑外观

建筑外观方面,后柳镇的建筑构造不仅蕴含着深厚的艺术底蕴和研究价值,还充分展现了陕南地区居民在建筑技艺上的卓越才能和辉煌历史。这些建筑外观受到荆楚文化的影响,主要采用木结构和砖石结构,以穿斗式建筑形式为主,凸显了地域特色和历史文化的传承。

二、后柳镇景观的自然环境要素分析

(一)地形地貌

后柳镇坐落于陕南秦巴山区的汉江河谷盆地之中,这一地区的地形复杂多变,涵盖了中高山地、低山丘陵以及平原盆地等多种地貌特征。借助 GIS 分析技术,我们发现该镇的海拔介于 308 米至 1363 米之间,地形起伏颇为显著。同时,坡度分析进一步揭示了镇域内地势的陡峭程度,存在多处陡峭及极陡的斜坡,而相对平坦的区域则较为稀少,主要集中于河谷地带。

在坡向分析方面,后柳镇展现出坡向的多样性,阳坡、半阳坡、阴坡以及半阴坡在区域内均衡分布,这种分布模式为镇内的自然环境和建筑景观布局带来了丰富的日照资源。具体到镇区内部,地形相对平坦,尤其是沿汉江和中坝河的区域,这些地段非常适合进行城市建设和农业景观的开发利用。

结合高程与坡度分析的结果,后柳镇的西北和南部地区由于地势较高且不易接近,因此更适宜规划为登山步道;而镇中心区域则因其适中的地形条件,更适合发展城市功能。

(二)气候特征

后柳镇的气候特征显著受到其地理位置和地形地貌的影响,处于北暖温带和亚热带气候的过渡区,展现出南方气候的特点。该镇年平均气温为 14.8℃,四季分明,热量条件充足,不存在极端的寒冷或酷热,这种温和的气候有利于喜温作物的生长。这样的气候条件不仅影响了农业作物的种植，也影响了居民的聚落选址，使得建筑多选在半阳坡或半阴坡，以优化夏季的通风和冬季的保温效果。

（三）水文资源

后柳镇所处的陕南地区是陕西省水资源和热量资源最丰富的区域之一，这里的气候多样性被形象地描述为“一山有四季，十里不同天”。该镇平均年降水量达 877.1 毫米，主要集中在秋季和夏季，这种充沛的降水和优越的热量条件为当地农业提供了良好的自然支持。然而，这种降水模式也容易引发滑坡、泥石流及田间内涝等自然灾害。

（四）物产与自然景观资源

后柳镇资源丰富，特别是在生物多样性和农业方面。该地区的气候多样性和复杂的地形地貌造就了丰富的农业生态资源和多样的动植物种类。后柳镇及其所属的安康地区，拥有广泛的生物资源，包括多种树种和药材，如枳壳、吴芋、鱼腥草等。

此外，后柳镇也是一个具有旅游潜力的地区，其自然景观资源丰富，包括汉江、中坝河及其他多种水文景观，还有如白龙井和黑沟河等地质奇观。这些自然资源不仅为当地居民提供了生计，也吸引了游客，为后柳镇的旅游发展提供了条件。

三、后柳镇景观的文化环境要素分析

（一）历史发展轨迹

后柳，这座沉淀了千年历史与文化的古镇，其根源可上溯至遥远的新石器时代。据考古学家的发掘，镇区下街的八亩田遗址揭示了先民们早已在此地活动，他们从事原始农业、狩猎与捕鱼，繁衍生息。及至秦代，此地已有明确的行政建制，被划归汉中郡西城县，即今日的安康市管辖。

历史上，后柳镇以盛产桐油而声名远扬，沿江而建的石坎与油坊，为其赢得了“油坊坎”的雅称。自清代至民国年间，因柳树繁茂，覆盖河岸，故得“后柳溪”之名，后更名为后柳镇。据史料记载，后柳古镇一度作为陕南的水运枢纽，商船往来不绝，商贸运输业一度是其经济的重要支柱。早在明代之前，这座古镇就已展现出繁荣的景象，明、清两代油坊众多，每年都有大量的桐油经水路被运往武汉。同时，周边地区丰富的竹资源也催生了精湛的竹编技艺。然而，随着陆路交通的逐渐发展，后柳镇的贸易枢纽地位日渐削弱，人口也逐渐减少，各行业均受到了一定的影响。尽管如此，其竹编技艺与那些古色古香的酒楼，依然能让人窥见其往昔的繁华。①

（二）地域文化印记

后柳古镇坐落于我国南北分界、东西过渡的陕南地区。这一特殊地理位置，加之历史上的移民潮与商贾文化的影响，使得陕南文化呈现出多元融合的特点，同时兼具荆楚、秦、巴蜀等多种文化特色，这种融合在经济、生活、建筑、习俗等多个方面均有所体现。而各文化圈之间，因移民背景的不同，也呈现出局部的差异性。

秦文化对商洛地区产生了显著的影响，商洛与中原地区的交往密切，儒家文化底蕴深厚，展现出一种“秦楚交融”的文化风貌。而巴蜀文化则对汉中地区影响深远，汉中与四川的方言相近，人口构成也颇为相似，巴蜀文化对其发展产生了重大的影响。后柳古镇所在的安康地区，由于被秦岭巴山所阻隔，地理交通相对闭塞，其文化更倾向于荆楚，但同时也受到了巴蜀与秦文化的熏陶，这三种文化的交融对当地的民风民俗、文化性格产生了深刻的影响。

（三）移民文化的交融

后柳古镇所在的陕南地区，因其独特的地理位置与得天独厚的自然条件，成为航运贸易的天然优势区域，同时也是兵家必争的战略要地。频繁的战乱导致了大规模的人口迁移，形成了丰富多彩的移民文化。这

① 王桂莉．陕南古镇保护与发展研究 [D]. 西安：西北大学，2011：9.

些移民来自四面八方,他们各自拥有不同的信仰与生活方式,或为了逃避战乱、匪乱,或为了生计与贸易而聚集于此。移民的涌入为陕南地区奠定了坚实的人口基础,同时也带来了各地文化的激烈碰撞与深度融合,从而孕育出了崭新的移民文化。

(四)商贾文化的繁盛

古代物资运输主要靠人力、兽力车和航运。陕南地区虽偏远,但因河网密布,航运成为主要交通方式,推动了当地经贸发展,吸引了各地商人。汉江沿线形成了连接关中、湖北、四川的航运线路,码头发展成为集市和商业街,后柳古镇因此繁荣。但随着陆路交通发展,集镇形态和选址发生变化。商贾聚集促进了文化交流,商帮出现并建立会馆,对陕南地区和后柳古镇产生了深远影响,使其成为重要的交通和贸易中心。

(五)民风民俗的独特魅力

民风民俗是特定社会与文化区域内人民普遍遵循的行为方式,它具有鲜明的地域特色。后柳古镇独特的地理位置、气候条件、历史文化背景以及多元文化的交融与融合,共同孕育出了丰富多样且包容并蓄的民风民俗。例如舞龙灯、赛龙舟、火狮子、庖汤宴、哭嫁、采莲船、打连响以及花鼓坐唱等,这些民风民俗不仅具有娱乐性与表演性,更展示了后柳古镇独特的文化魅力。

后柳镇的部分民风民俗及其民间艺术表现形式,如火狮子的文要与武耍、舞龙灯的各种姿势、赛龙舟所蕴含的祈福意义、采莲船这一传统舞蹈、打连响这一民俗舞蹈以及花鼓坐唱这一曲艺表演等,都充分体现了后柳古镇文化的丰富多彩。同时,民间风俗如庖汤宴所蕴含的庆丰年与谢邻里之意,以及哭嫁所表达的依依不舍之情等,都深刻反映了后柳古镇丰富的民风民俗文化内涵。①

① 孙琳.陕南后柳古镇营造与新农村建设研究[D].西安:西安建筑科技大学,2011:16.

第二节 后柳古镇景观的 SWOT 分析

一、优势

（一）地理位置与便捷的交通

后柳古镇因其独特的地理位置与便捷的交通条件而脱颖而出。对于计划造访后柳古镇的游客来说，无论其出发点是西安、安康抑或汉中，均能在短暂的三小时内轻松抵达，极大地减轻了旅途的疲惫，同时为游客提供了宽裕的休闲时间。古镇内部交通布局亦十分便捷，中坝河大桥与石蒿公路等交通要道贯穿镇区，这些干线不仅连接了石泉与南区多个乡镇，更是通往汉阳、西乡等地的交通要冲。[①]

（二）丰富的自然景观与历史文化遗产

后柳古镇承载着深厚的商贸文化，自古便是陕南地区的商业重镇。古老的街巷风貌、火神庙遗址、抗战英雄王范堂的故居，以及那条历史悠久的明清老街和八亩田遗址，无一不彰显着其深厚的历史文化底蕴。坐落于河谷盆地的古镇，其东侧汉江两岸郁郁葱葱的树木与周围山体相映成趣，构成了一幅绝美的山水画卷。此外，当地的特色旅游商品，如手工精致的竹编、棕编，以及美味的腊肉与各式水果，更是为游客的旅程增添了不少色彩。后柳古镇作为陕西省的特色旅游与历史文化名镇，享有"汉江三峡第一镇"与"最美水乡第一镇"的美誉，其旅游发展潜力不容小觑。

① 宋霞．河南历史文化名镇的景观构成分析 [D]. 郑州：郑州大学，2006：6.

二、劣势

(一)保护措施的匮乏与规划的不周全

后柳镇虽然拥有丰富的物质与非物质文化遗产,但在持续的开发过程中,由于缺乏细致全面的规划措施,不少宝贵的文化遗产已经受到了损害。这些遗产一旦受到破坏,即便现代文物修复技术能够高度还原其物质形态,甚至达到难辨真假的程度,但其内在的文化精髓却无法通过技术手段得以恢复。后柳古镇的历史久远,目前仅存的明清老街以及石佛寺、火神庙等历史遗迹的残迹,恰恰暴露了古镇在开发与规划上的欠缺。这种不合理的规划已经对古镇的历史风貌造成了难以挽回的损害,使得古镇在保护与开发两方面都未能达到预期的效果。

(二)特色不鲜明,声名不彰

尽管后柳镇蕴藏着深厚的历史文化底蕴和秀美的自然风光,但其旅游业的推进却显得步履蹒跚。这主要是因为相关的配套设施尚未完善,同时在旅游产品的策划、包装以及宣传等方面也存在不足。由于缺乏广泛的知名度和影响力,难以在游客心中产生共鸣,使得后柳镇在全国乃至陕西省的古村落旅游景区中并不出众。游客数量稀少,旅游产品也未能形成自身独特且与众不同的优势,景区当前面临的挑战是如何提升其吸引力和扩大其知名度。

(三)项目单调,互动性不足

后柳镇的旅游业目前仍停留在初级且较为粗放的管理阶段,主要带动的是餐饮和旅游纪念品的销售。虽然该地区不乏文化景点,但现有的开发模式多集中在传统民居的修缮和景观的美化上,缺乏专业的解说服务,使得游客难以领略到其深层的文化魅力。因此,游客的体验多局限于浅层次的观光游览,缺少互动和参与的机会。老街众多店铺的关闭也反映出商品雷同、经营模式单一的问题,以及店面装潢设计上缺乏新意。同时，未能深入挖掘和利用当地丰富的民俗文化，打造出吸引游客的民俗特色产品，这也对古镇的形象造成了负面影响。这些因素共同作用，导致游客多以一日游为主，缺乏长期停留的意愿，影响了旅游产业的发展活力。

（四）空间布局不尽如人意，基础设施薄弱

后柳镇目前的空间结构存在的问题主要是功能区布局杂乱无章，行政办公、商业设施等建设活动缺乏统一的规划指导。商业网点和市场缺乏与城市功能相协调的空间层次结构，尚未形成一个规模完备、设施齐全的镇中心区域。各种功能用地相互交织、互相干扰，对后柳古镇的建设品质和生态环境质量产生了显著的不良影响，制约了古镇的可持续发展。

与陕西省乃至国内其他著名古镇相比，后柳镇在基础设施建设方面存在明显的差距。这种现状导致在接待大规模游客时，基础设施面临着巨大的压力，尤其是在供水和环境卫生方面尤为突出。因此，后柳镇急需加强基础设施的建设以提升对游客的服务能力。此外，公共服务设施的匮乏，如医疗救治点和共享单车等便民设施，虽然在旅游业发展初期并非不可或缺，但对于提升产业层次具有积极作用。同时，对于当地居民而言，提高生活环境质量也至关重要，这需要通过增加基础设施建设来实现，例如丰富古镇绿地和开放空间的功能多样性，以满足居民对美好生活不断增长的向往和需求。①

三、机遇

（一）国家政策推动下的成长机遇

近年来，国家在推动村镇旅游业与文化产业进步方面采取了多项扶持政策，为相关产业的发展注入了新的活力。例如，2021 年发布的《“十四五”文化和旅游发展规划》中，明确强调文化产业在乡村振兴中的核心作用，并提出利用文化产业助推乡村经济和实现乡村振兴战略。

① 赵奕涵．基于文旅融合的陕南后柳古镇景观设计研究 [D]．咸阳：西北农林科技大学，2023：10.

紧接着在2022年,中央一号文件《关于做好2022年全面推进乡村振兴重点工作的意见》以及自然资源部等六部门联合发布的文件,都进一步凸显了农业农村发展的重要性,为乡村旅游的未来发展指明了明确方向。这些政策的出台,为后柳镇的发展带来了难得的外部支持和广阔的发展空间。

（二）民众出游热情高涨

随着中国经济的持续繁荣和民众休闲方式的日趋多样化,旅游业的重要性越来越突出。同时,游客对于旅游体验的品质和内容要求也在不断提高。然而,过去长达三年的疫情限制以及极端气候等不确定性因素,使得旅游需求受到一定程度的压制。随着疫情的解除,人们的出行意愿明显增强。考虑到我国庞大的人口基数以及人均GDP的不断提升,旅游消费升级的趋势依然稳固,行业恢复势头强劲,预示着旅游业即将进入一个新的上升阶段,这一趋势具有持续性和不可逆性。

（三）陕南旅游市场对于标志性旅游地的需求

长江文化与黄河文化并列为中华文化的两大基石。位于陕南的后柳古镇,深植于长江文化的丰厚土壤之中。但长时间以来,这一地域所蕴含的丰富文化内涵并未被外界广泛认知。在旅游业迅猛发展的当下,人们开始逐渐认识到这一地域所独有的历史和文化遗产价值:陕南文化与陕西省内其他地区文化存在显著差异,它不仅代表了长江文化的一个重要分支,更是长江文化与黄河文化的交融之地,拥有无法复制的文化吸引力。随着交通的日益便捷和经济的持续发展,越来越多的人开始追求探索新的旅游目的地,以体验不同的自然与文化风貌。因此,后柳古镇的深入开发和精心打造,势必会吸引大量游客的瞩目,成为展示陕南独特自然风光和人文景观的重要窗口。

四、挑战

（一）在增强城镇全方位竞争力上还有提升空间

与其他已高度发展的古镇相比，后柳镇当前的发展水平还有待提高。详细地说，后柳镇在文旅融合方面的核心竞争力尚未达到最优化，其旅游文化产业的推进和完善工作仍需加强。同时，受限于人口规模，后柳镇常住人口较少，人力资源的匮乏这对旅游产业的持续发展构成了一定的挑战。

（二）景观规划与设计遭遇重大挑战

由于项目所在地地形多变，某些区域地势起伏显著，因此，在处理地形高差及确保场地通达性方面存在较高难度。同时，要精准捕捉古镇的独特韵味，进行既科学又创新的后柳古镇景观规划与设计，在古镇群体中凸显特色，形成强有力的吸引点，这也是当前面临的关键性挑战。

（三）发展与保护需协调并行

后柳镇不仅文物古迹丰富，后柳老街亦被视为珍贵的保护目标。在文化旅游大规模开发的今天，我们既需肩负起保护历史文化遗产的重任，又需深入挖掘这些遗产的潜在价值。如何在旅游开发中有效利用历史文化遗产，传承其文化精髓，并为其赋予新的时代内涵，是当下亟待解决的重要问题。

第三节　后柳古镇景观的设计理念与策略

一、后柳古镇景观的设计理念

(一)深深植根于本土文化

在后柳古镇的景观规划中,对地域文化的尊重与凸显被置于首要位置。设计师们通过精心呵护历史建筑、重现传统风貌以及深度呈现乡土文化,致力于塑造一种既蕴含着深厚传统底蕴又不失现代气息的文化景致。此举不仅有助于游人更深刻地领悟古镇的文化精髓,同时也进一步激发了当地居民对本土文化的热爱与自豪感。

在实际操作过程中,可能会涉及对历史建筑的细致修缮,运用传统的建材与工艺,同时巧妙地融入现代设计理念,诸如将现代艺术装置与古典元素有机融合等。此外,通过举办丰富多彩的民俗节庆与文化活动,如手工艺展示、地方戏曲演出等,亦能有效地让这些珍贵的文化遗产焕发新的生机与活力。

(二)文化与旅游的和谐交融

对于后柳古镇的景观规划而言,文化与旅游的紧密结合核心理念在于通过景观的优化与升级,赋予文化遗产新的生命力,并使之与现代游客的需求相契合,从而营造出一个既富含历史厚重感又不失现代娱乐体验的旅游环境。举例而言,我们可以通过完善基础设施、提升服务品质,同时在保护历史建筑的文化价值的基础上,将古镇打造成一个文化与旅游相辅相成的典范之作。

这种融合的理念不仅体现在对实体空间的改造上,更贯穿于各类活动的策划与实施过程中。诸如策划节日市集、文化节等丰富多彩的旅游活动，这些活动旨在为游客提供一扇深入了解当地文化的窗口，同时也为当地经济的蓬勃发展注入了新的活力。

（三）秉持可持续发展的理念

在后柳古镇的景观规划中，可持续发展的理念始终贯穿于始终。其中包括精心保护生态环境，如扩大绿化、使用环保材料、保护水域等，以减少环境压力。同时，也注重社会和经济的长期发展，比如为居民提供就业、传承传统技艺，以及通过旅游业的发展来促进地方经济的增长。

举例来说，在景观设计中优先选用本土建材与工艺，不仅有助于延续文化的传承，还能有效降低运输成本并减轻对环境的影响，从而为当地经济贡献一份力量。与此同时，通过科学合理的旅游活动规划，旨在避免对居民的日常生活造成干扰，确保旅游业的繁荣与当地社区的和谐发展并驾齐驱。

（四）农业资源的经济转化与景观融合

在后柳镇的景观规划过程中，如何高效利用当地丰富的农业资源，并将其巧妙转化为可持续的经济优势，成为设计的关键环节。这一环节不仅涉及对农业资源的深度挖掘，更要求将这些资源与景观设计无缝对接，以实现经济与环境的双重效益。具体实施时，我们着重考虑了如何将农业生产活动与生态保护措施相融合。例如，通过恢复或开辟新的水稻种植区、果园及茶园，不仅保障了农业生产的持续进行，更为游客提供了一处领略田园风光的绝佳去处。

为增强游客的互动体验与对农业的尊重，我们精心设计了教育农场，邀请游客亲身参与农作物的采摘与种植过程。同时，我们还巧妙地将农田景观与自然风光相融合，如铺设风景如画的田间步道，让游客在欣赏自然美景的同时，也能近距离感受农业生产的魅力，从而提升农业的观光吸引力。

（五）人文关怀与游客居民共融

在后柳镇景观设计中，我们以人文关怀为核心，平衡游客体验和居民生活。古镇中心划分游客和居民区,通过空间规划确保和谐共存。

我们考虑居民习惯和文化,在设计中融入私密和公共空间,保护隐私同时展示当地文化。增设文化展示点如工艺坊和美食馆,让游客体验文化,为居民创造就业。

为提升游客体验,设计注重舒适度和互动,设置休息区、观景台和互动展览,让游客深入参与古镇生活。多功能公共广场如展览、表演和市集,丰富活动选择,增添文化活力。

二、后柳古镇景观的设计策略

(一)激活后柳古镇景观原真性

在塑造后柳古镇的景观风貌时,挖掘和复苏其原生景观特质不仅关乎提升古镇作为旅游胜地的魅力,更在于为游人提供一种触及心灵的深层次文化沉浸体验。为实现这一目标,以下策略可助力后柳古镇重塑其原生景观之魅力。

①深度提炼地域文化的精髓元素,其原因在于这些元素构成了古镇景观的精神内核,能够显著丰富古镇的文化内涵并增强其视觉吸引力。举例而言,可以恢复那些传统的建筑风格,运用当地独特的图案进行装点,甚至再现那些承载历史的壁画与雕塑,进而营造出一种深厚的文化氛围。游客在古镇游览时,不仅能领略到秀美的风景,更能深刻感受到古镇悠久的历史积淀与独特的地域特色。

②为了引领游客更深刻地领悟后柳古镇的文化底蕴,我们可以选择具有标志性的文化主题,并围绕这些主题来设计景观。在古镇的入口、中心广场、古老巷道等关键节点,布置与主题息息相关的艺术作品,并提供详尽的背景介绍。这样,游客在悠闲漫步中,便能逐步探索出古镇历史与文化的深厚底蕴。

③地域文化与现代设计思潮的巧妙结合,是唤醒古镇景观原生魅力的一种独特方式。我们可以尝试运用传统的青砖、瓦片等材料,创作出既富有现代气息又不失传统韵味的艺术作品;或者运用先进的科技手段,例如通过虚拟现实技术,再现古镇的历史瞬间,为游客提供一种仿若置身其中的体验。这种融合古今的设计理念,将使游客在领略古镇传

统风情的同时，也能感受到古镇对现代文明的接纳与融合。

④通过整合古镇的多元资源，例如独特的手工艺、地道的美食以及丰富多彩的节庆活动，我们可以创新出一系列凸显地域特色的旅游产品。这些产品不仅能有效促进古镇的经济发展，还能为游客提供一种独特的文化体验。更为重要的是，这些产品应注重传承与展示古镇的文化遗产，并创造出新的文化表现形式与体验方式，使文化遗产焕发新生，进而实现可持续的发展。

（二）提升后柳古镇景观的多样性

针对古镇原有景观的复原工作，其核心在于重现并保护古镇的原始风貌。利用现代技术手段和创新型材料对古老建筑进行更新和修复，旨在提升其与现代生活方式的兼容性，同时保持其古朴的外观。例如，对古镇内陈旧房屋的修葺、对传统街道布局与石板路面的恢复，不仅有利于强化古镇的历史文化气息，而且能为游客提供更加深刻的体验。同时，对于历史文化遗迹的维护与保护也必须给予充分关注，以保障它们免受各种灾害的损毁。

在滨水景观的改造方面，主要思路是充分利用古镇周边的水域资源，打造宜人的公共空间。以后柳古镇旁的汉江与中坝河为例，可以通过清理河床、建设水边步道、增加亲水平台等措施，提升景观的可达性和互动性。同时，规划开放的滨水活动区，确保居民和游客都能自由欣赏到河岸的美景。另外，需加强滨水区域的安全管理，设置必要的安全设施，以保障游客的安全。

在塑造田园景观时，重点在于利用古镇周边的农田与自然风光，为游客提供回归自然的休闲体验。这包括对自然资源的保护和利用，以及推动生态农业和休闲农业的发展。例如，可以恢复或新建传统的农用设施，如水车、打谷场等，以提升田园景观的文化韵味。同时，结合农田管理和生态保护的理念，引入可持续发展的农业技术，以确保景观在生态和经济方面都能取得良好的效益。

（三）加强景观的复合功能性

在现代社会压力和老龄化背景下，人们越来越渴望自然和心灵慰藉，古镇旅游因此兴起。后柳镇的景观设计应利用其地理、气候和文化资源，打造多元化活动场所和文化景观，促进当地农业经济和文化传播。

游客在体验古镇文化的同时，后柳镇可发展旅游度假服务，融合自然气候和资源，提供疗养和休闲项目，改善基础设施，提升居住环境。通过展示古镇特色和地道美食，吸引游客。定期举办的文化节等活动，能增加游客的文化体验和满意度。

古镇公共空间可举办地域文化艺术活动，如龙舟竞赛，借助文化IP发展文创市集和艺术街区，为居民和游客提供休闲娱乐，推动文化传承。后柳镇的山地和水域资源适合发展户外娱乐项目，如露营和山地运动，吸引游客，创造就业，促进经济发展。

结合农业景观和体验，后柳镇可推进体验农业和生态农业，让游客参与农业生产，了解农业文化。利用河流、历史古镇和农田资源，开发高观光价值的景观，通过视线通道和感官体验设计，为游客提供全方位的观光游玩体验。

三、后柳古镇景观的文化保护策略

（一）政策法规的支持与引导

从政策法规层面来看，后柳古镇的文化保护工作得到了坚实的法律后盾。自2024年伊始，《陕西省历史文化名城名镇名村保护条例》便正式实施，为古镇的文化遗产保护提供了明确的法律依据。该条例不仅严格规定了历史文化名城、名镇、名村及其保护区内重要历史文化建筑、传统街巷等不得随意更名，而且明确了历史建筑保护责任人的维护和修缮职责。此外，条例还积极倡导利用这些历史建筑进行文化遗产的展示，支持在保护原则下开设博物馆、陈列馆等，为后柳古镇的文化展示和活化利用开辟了合法的道路。

同时，地方政府的规划与执行力度也体现了对文化保护的高度重视。后柳镇政府深入贯彻落实中央关于文化和旅游融合发展的指导思想，秉持“宜融则融、能融尽融”的原则，致力于推进文旅设施共建、文旅活动共享以及文旅机制的深度融合。这些政策导向为后柳古镇的文化遗产保护和旅游发展擘画了清晰的发展蓝图。

（二）具体的保护策略实施

后柳古镇的保护策略包括网络化和标准化文旅设施建设，确保设施布局科学、功能互补，并推进公共设施标准化，保证高品质和规范统一。古镇通过组织文化活动如旅游文化周和民歌展演，实现文旅活动共享，打造志愿服务品牌提升服务品质。同时，古镇挖掘非物质文化遗产，举办文化活动，丰富旅游业态，实现非遗文化与旅游的良性互动。为保障策略实施，成立文旅融合工作领导小组，加大财政投入，争取旅游发展基金支持，提供组织、经费和队伍保障。这些策略不仅保护了文化遗产，也为旅游业和社会经济发展提供了动力。

第四节　后柳古镇景观的设计实践

一、古镇景观格局重塑

后柳古镇地处山水之间，其三面被群山环抱，一面则临水而建（图 8-1），自古以来便承载着深厚的历史与文化底蕴。作为安康市内颇具代表性的商贸古镇，它在陕南地区的文化景观网络中占据着举足轻重的地位。通过深入挖掘和整理古镇的文化价值层级特性，并结合当前古镇的集群形态及其发展态势，我们为后柳古镇量身打造了一个“一轴两带多支点”（图 8-2）的景观布局框架。

在这一框架中，“一轴”指的是石蒿路，这条主干道贯穿后柳镇，是当地居民生活的重要轴线。而“两带”则分别由后柳老街与滨江步道构成：前者汇聚了众多文化遗产，成为展示古镇历史文化的核心地带；后者则凭借得天独厚的自然资源，打造成为一条领略古镇自然风光的景观走廊。至于“多支点”，则是指散布在古镇各处的文化景点、功能设施以及复合型地标，它们如同明珠般点缀在古镇的每一个角落，与“一轴两带”相互呼应，共同构建起一个点线面相结合的完整景观体系。这一体系不仅将古镇的三个核心区域巧妙地串联在一起，更让每一位游客都能在这里深刻感受到后柳古镇独特而丰富的历史文化魅力。

图 8-1　后柳古镇

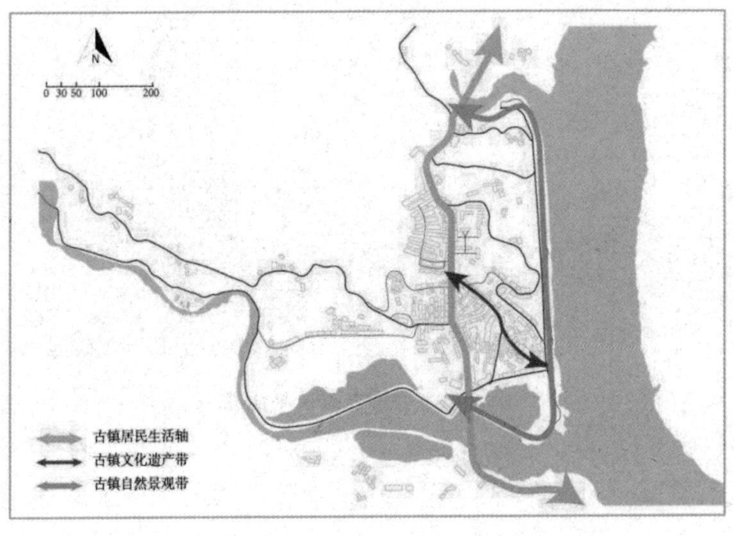

图 8-2　后柳古镇“一轴两带”的整体格局[①]

① 图 8-1 至图 8-12 来源于：徐越．文化景观保护视角下古镇景观活化设计研究——以安康市后柳古镇为例 [D]. 咸阳：西北农业科技大学 .2019：56—64.

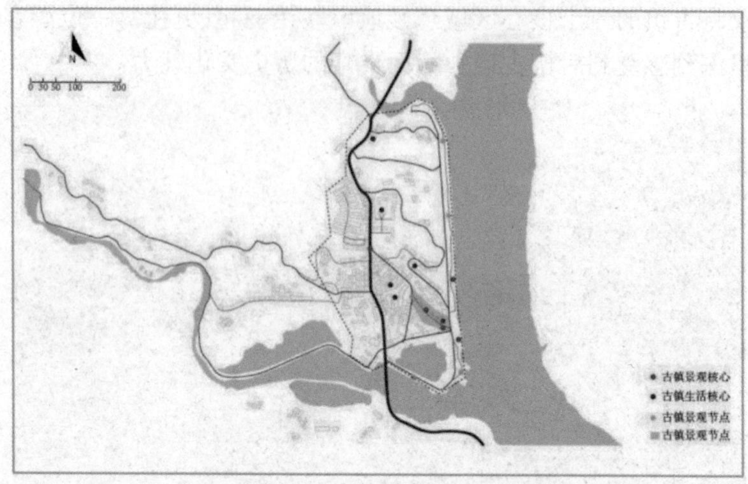

图 8-3　后柳古镇景观节点分布

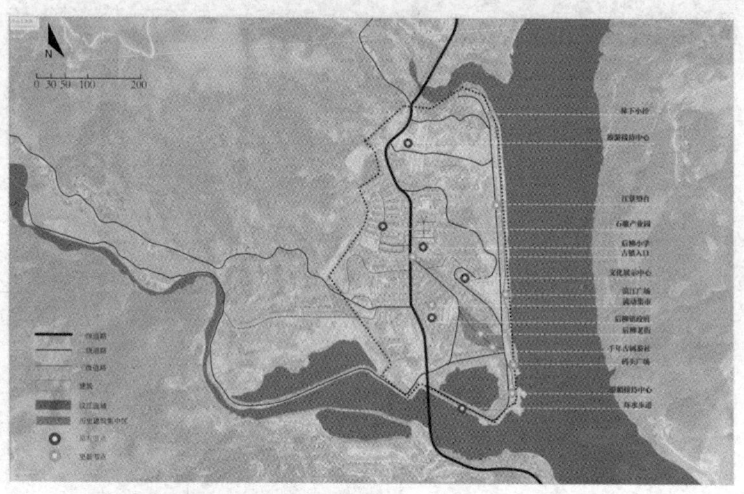

图 8-4　后柳古镇总平面图

二、古镇街巷空间更新

（一）整体街道空间

1. 一级道路及其截面设计

在镇内，一级道路承载着连接外界的重要作用，并作为支撑镇内其他物质要素的基础。这些道路沿线，我们可以看到旅游接待中心、产业园、后柳中学以及后柳镇政府等众多公共建筑。它们不仅支持着日常的交通流动，还是人们集会、休闲等公共空间活动的场所（图 8-5a）。当前，后柳古镇的一级道路主要是沥青铺面，虽然满足了基本的使用功能需要，但在景观美化方面还有所欠缺。为了改善这一状况，设计方案提出在道路两侧增设树池，并种植高度在 4 至 6 米之间的行道树，例如榉树，这样的树木不仅能降噪除尘，还能有效美化道路环境，并增强空间的方向感。同时，方案还建议在建筑间的空隙中，适当种植一些冠幅较大的景观树，如香樟、银杏和国槐等。这些树木与白色的建筑立面相互映衬，将显著提升道路整体的景观层次和视觉效果（图 8-5b）。

（a）分布区域　　(b)绿化截面

图 8-5　一级道路

2. 二级道路及截面设计

在古镇中，二级道路主要是为内部居民提供日常通行的便利（图 8-6a），这些道路以水泥为主要铺面材料。鉴于路面宽度有限，古镇选择了高度大约3米、冠幅相对较小的行道树进行种植，以确保通行空间。同时，在建筑周边，古镇精心挑选了色彩更为丰富的树种作为点缀（图8–6b），旨在提升古镇的绿化美观度和居住舒适度。

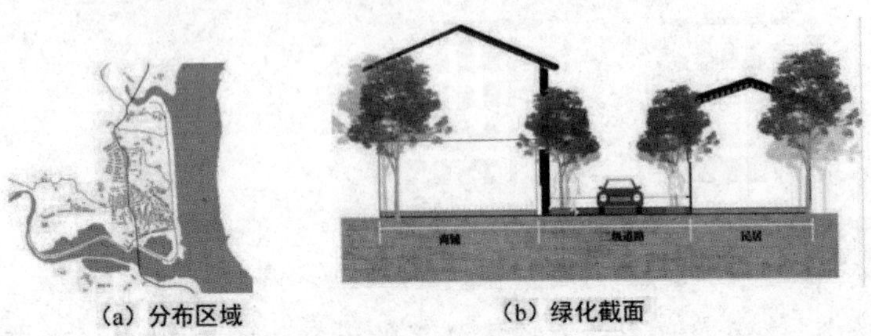

（a）分布区域　　（b）绿化截面

图 8–6　二级道路

3. 三级道路及截面

古镇的三级道路，主要是为非机动车提供通行条件（图8–7a）。因此，在道路两侧的景观绿化设计上，重自然与随性，避免过于刻板的规划，鼓励当地居民根据个人喜好，选择较高的灌木以及各类花卉进行种植，这样不仅可以柔化建筑的硬性边界，还能营造出更具古镇特色的道路空间氛围（图8–7b）。

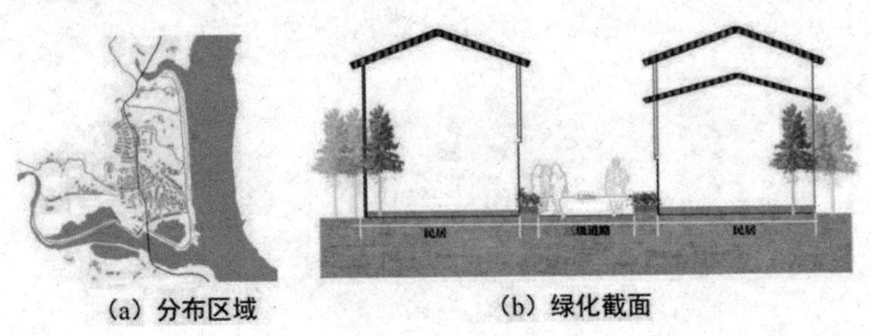

（a）分布区域　　（b）绿化截面

图 8–7　三级道路

（二）老街街巷的空间塑造

古建筑不仅是物质的实体，更承载着深厚的文化内涵与生命力。这种生命力的源泉，在于人类文化的不断赋能以及社会的动态演变。因此，在保护历史建筑时，必须充分考虑城镇的发展脉络，确保这些建筑能够与周边的活动及功能和谐共生。

在老街街巷的空间更新过程中，区分了传统建筑和新增建筑。对传统建筑，采取了最大程度的保护并进行了细致的修缮，力求保留其独特的建筑风貌和装饰元素。针对老街中那些与传统风格格格不入的拼贴式建筑，进行了如粉刷等立面的改造和美化工作，使其更好地融入整体环境。而对于那些严重破坏了整体景观和空间感的违章加盖建筑，则采取了拆除并重建的措施。

在重建的过程中，不仅延续了传统建筑的屋顶设计，还从传统的民居中汲取灵感，提取并应用了诸如花窗等典型的装饰元素。这样的设计手法，既保留了传统的韵味，又融入了现代的审美，实现了传统与现代的和谐统一（图 8-8 至图 8-12）。

图 8-8　老街南侧建筑立面图

图 8-9　老街北侧建筑立面图

图 8-10　老街更新后的建筑鸟瞰

图 8-11　老街街巷空间

图 8-12　老街街巷鸟瞰

三、地域文化展示区景观设计

(一)入口景观设计

门户景区地处镇区核心交通干道的北侧,与旅游观光及文化体验区域紧密相邻,其地理位置优越,交通网络发达,吸引了大量的游客流量。为了有效地满足大量游客的集散需求,专门设置了具有生态保护功能的停车场。在环境艺术设计层面,致力于寻求自然景观与人文景观之间的完美交融,旨在创造出一个既贴近自然、舒适宜人,又深具文化艺术气息的空间氛围。精心运用了特征鲜明的景观墙以及多样化的植被布局,以此增添空间的深度与层次感,同时为入口区域赋予了独特的视觉吸引力。在设计门户标志时,从后柳镇的传统建筑样式与深厚的历史文化中提炼灵感,通过富有创意的主题性装点,使入口的外观更加彰显出地方特色和丰富的文化内涵(图 8-13)。

图 8-13 入口景观设计①

(二)古镇区景观设计

1. 建筑物的层级式保护与整治

在后柳镇的历史古镇区域内,实施针对现存建筑物的层级式保护与整治策略。

保护:侧重于保护那些蕴含深厚历史与文化意义,并在代表性和品质上表现出显著特点的建筑。目标是确保这些建筑的原貌和原地得到妥善保存。在古镇范围内,这类珍稀建筑包括人民银行旧地、独特的屋包树景观以及王范堂故居等。

① 图 8-13 至图 8-14 来源于:赵奕涵. 基于文旅融合的陕南后柳古镇景观设计研究 [D]. 咸阳:西北农林科技大学,2023:79—80.

改良：旨在对那些建筑外观和结构状况良好，但与现代居民生活方式不匹配的历史建筑进行必要的修复与更新。通过这类工作，旨在让这些建筑更好地服务于当代居民，同时珍视并保留其承载的历史价值。鉴于这类建筑数量众多，进行全面的改善工作显得尤为重要。

整治：该行动涉及对现状不佳的建筑物进行拆除、重建或全面整顿，提升其与周边环境的和谐性，维护风貌的完整性。

优化：在古镇区域内，对那些功能使用不当的建筑实施改造，旨在确保其功能既符合古镇保护的需求，又能满足现代社会的实际使用要求。这一方案旨在平衡历史文化的保留与现代实用性（图 8-14）。

图 8-14　古镇区老街整治效果图

2. 古镇风貌的整体规划与引导

为确保古镇街区历史风貌的延续与保护，必须维护原有的街巷空间比例，并确保建筑功能主要集中于商业与居住。在建筑规模上，主张以小型建筑为主，避免大型建筑对古镇风貌造成视觉上的破坏。在建筑设计细节方面，如门窗设计、屋顶造型、墙面处理等，均应遵循后柳镇的传统建筑特色。①

关于建筑高度以一至两层为主，同时需拆除违规建设的屋顶，恢复为传统的灰色坡屋顶。对于现有的平屋顶，可以通过增设女儿墙或在

① 徐澜婷 . 陕西后柳古镇商业街空间设计 [J]. 装饰，2022（2）：145.

顶层加建构筑物的方式，使其转变为坡屋顶，确保古镇建筑风格的和谐统一。

在建筑色彩选择上，以黑、白、灰、栗色或原木色为主调，以保持古镇的传统色调。此外，为提升古镇环境，将现有的架空电线改为地下布线，并维持现有的石板路面。

街道上的小品设施，如花卉装饰、公共卫生间、指示牌、店铺招牌以及路灯等，都应融入地方特色和设计风格。为增强游客的停留意愿和吸引力，可以在街巷的步行路径上设置一些吸引点，例如特色小吃摊位或特色商品店。

在进行局部道路整修时，应考虑如何提升道路的视觉吸引力和行走舒适度。在景观设计方面，应注重创新和互动性，例如通过增加彩绘壁画、游戏区域和艺术装置等元素来丰富古镇的景观层次和游客体验。

（三）古镇多元节点活化

1. 历史遗产区域景观节点

（1）古树茶社

古树茶社，其前身乃后柳古镇中一处标志性的物质景观——“千年屋包树”（图 8-15）。这处景观独特之处在于古树与古建筑的和谐共生，随着时间流转呈现出动态变化的风貌。门前曾悬挂一副对联：“船行峰峰行船船船歌盛世，屋包树树包屋屋屋老少颂太平”，这副对联生动地描绘了这座古老建筑所见证的历史变迁与时光流转。

该建筑坐落于老街入口的显眼位置，不仅承载着深厚的文化底蕴，更具备与周边区域相结合形成古镇标志性复合地标景观的潜力。通过与当地茶产业的紧密结合，将这座建筑改造为一处集品茶、购茶于一体的古树茶社。同时，拓展户外空间，打造出一个宁静舒适的休息区（图 8-16），并在此举办各类与茶产业相关的特色活动。这些举措为居民和游客提供一个在休闲游览之余，深入体验后柳镇独特历史文化与风土人情的绝佳场所。

（2）中国人民银行旧址

位于老街东侧区域的中国人民银行旧址，自 1950 年起便承载了石泉支行的金融业务流动组历史。如今，这里已经转型为旅游民宿，但依旧吸引着大批游客前来参观，感受其作为标志性景观的独特魅力。考虑到参观人数众多而周边缺乏停留空间，设计团队在入口处精心布置了木制座椅和小型盆景树，再往后则种植了彩色花卉。这样的布局不仅提升了旧址的整体辨识度，还为游客和住宿者提供了一个临时的休憩场所（图 8-17）。

图 8-15　古树茶社建筑效果①

图 8-16　古树茶社户外空间

---

① 图 8-15 至图 8-26 来源于：徐越．文化景观保护视角下古镇景观活化设计研究——以安康市后柳古镇为例 [D]. 咸阳：西北农业科技大学 .2019：64-73.

图 8-17　中国人民银行旧址

（3）王范堂纪念馆

在老街东侧区域，矗立着一座意义非凡的纪念馆——王范堂纪念馆。这里曾是抗战英雄王范堂先生的居住之地，但因年久失修已无法再使用。为了缅怀这位当地英雄，并传承他所代表的独特精神文化，政府决定在修复故居的基础上将其改造为革命文化主题纪念馆。建筑外部保留了当地传统民居的风貌（图 8-18），而内部则用于爱国主题教育的宣传展览，详细展示了王范堂将军参加过的台儿庄战役、武汉保卫战等生平事迹。这座纪念馆如今已成为古街中的红色革命文化中心，吸引着无数游客前来瞻仰。

图 8-18　王范堂纪念馆

（4）柳街油坊

后柳镇曾因盛产桐油而被称为油坊坎镇，镇上油坊数量一度达到数十家之多。位于老街东侧的柳街油坊便是在这样的背景下由传统商铺改造而成。改造后的油坊前厅被用作展览售卖区域，向游客展示着后柳镇的传统产业文化；而后侧则增建了新建筑作为工作空间，中间区域通过玻璃廊架相连通(图 8-19),使得游客可以入内参观制作场景并亲身体验制油过程。这样的改造不仅让柳街油坊在发展体验性经济的同时有效展示了后柳镇的传统产业文化,还为其注入了新的活力。

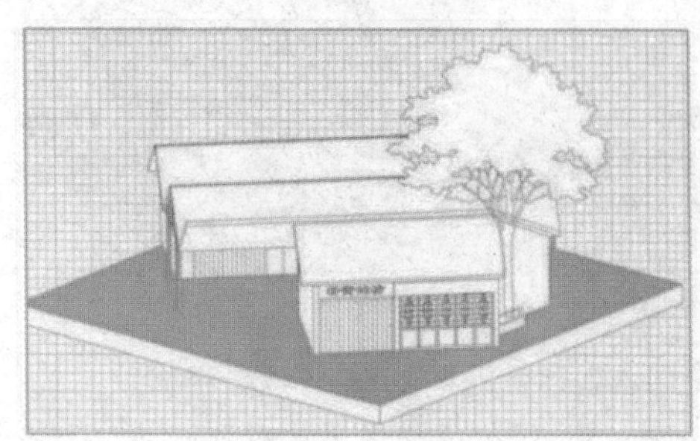

图 8-19　柳街油坊模型图

2. 行政生活区域景观节点

在古镇政府与历史悠久的老街之间,存在一个特别的场所——流动集市。这个集市在每月的初一、十五以及传统的民俗节日时,都会变得异常热闹,成为居民们进行日常贸易的重要场所。

改造前的集市,摊位摆放显得较为混乱,虽然生活气息浓郁,但整体的景观环境并不理想。为了改善这一状况进行了一系列的更新措施。

在道路两侧,种植了高约 40 厘米的种植带,并配以行道树,这样不仅美化了环境,还有效地将居民与商贩的活动区域进行了分隔。每当集会日到来时,种植带的上方区域便会摆上长桌,作为临时的摊位使用。而在非集会时期,这些区域则可以迅速恢复到原始状态,成为居民们日常休闲和活动的理想场所(图 8-20)。这样的设计不仅灵活多变,还极大地提升了集市的整体景观质量。

图 8-20　集会时期空间效果

（四）滨江景观区域景观节点

1. 江景望台

汉江观景平台是滨江风景线上的一处重要开放空间，也是游客们体验江景的首个停留点。从西侧的主路，游客们可以沿着阶梯拾阶而下，轻松地步入滨江的休闲步道。平台的中央巧妙地运用了绿化种植带，不仅美化了环境，更有效地划分出多样化的广场活动区域。而平台的东侧，则是一处视野极佳的观景望台。游客们可以选择乘坐小舟，在江面上近距离感受汉江的壮丽景色；也可以选择站在望台上，远眺汉江流域的秀美自然风光，尽享开阔的视野和宁静的氛围（图 8-21）。

2. 滨江广场

滨江广场紧邻古镇新建的文化展示中心，构成了滨江观景带的又一核心区域（图 8-22）。这个广场独具匠心地融合了阶梯观景平台、游览步道以及滨水步道三大部分。阶梯观景平台宽敞开阔，旅游高峰期时，可容纳大批游客驻足观赏江景和龙舟竞渡的盛况。游览步道则与其他滨水空间相互衔接，为日常散步和观景提供了便利。而滨水步道下特设的三个小舟停靠点，不仅方便了居民停泊摆渡小舟，更让游客在游览过程中深刻体验到古镇传统的人居文化与水运文化的独特魅力。

图 8-21　江景望台效果图

图 8-22　滨江广场效果图

3. 后柳码头

后柳码头承载着古镇深厚的水运文化历史，起源于清朝时期的两座码头，见证了水路贸易的繁荣与地域文化的形成。现有的码头广场虽为水库蓄水后的复建之作，但其中融入的帆船元素与古镇传统船只风格略显差异，使得其文化性与功能性略显不足。经过精心更新，后柳码头保留了原有的下沉式设计，同时在两侧步道上增植了常绿灌木，并适当减少了沿岸植物，从而增强了广场的空间层次感。中心区域则以古镇现今最常用的摆渡小舟为设计灵感，巧妙地打造了画舫长廊。这一设计不仅与沿岸江景相得益彰，更让使用者在其中领略到“春水碧如天，画船听雨眠”的水岸诗意。长廊的南北两侧则作为开放空间，可举办各类民俗活动和节日庆典，使该区域成为后柳古镇中标志性的公共文化活动广场（图 8-23、图 8-24）。

图 8-23　后柳码头长廊效果图

图 8-24　后柳码头开放空间效果图

4. 游船接待中心

游船接待中心作为本区域的终端广场，主要承担着游览船票的售卖和游客临时集散的任务。更新后的售票区域巧妙地将传统建筑屋顶元素与现代材料相结合，采用木材与玻璃构造出几何形状的建筑物。这一设计在为购票游客提供遮风挡雨之所的同时，也极大地提升了空间的观赏价值和文化内涵（如图 8–25）。而游客集散广场则通过条形座椅与花带的穿插布局，不仅为居民和游客提供了一个舒适的休息等待场所，更能在众多游船的映衬下重现昔日码头的繁荣景象，有力地传播了当地的水运文化（如图 8–26）。

图 8–25　售票中心效果图

图 8–26　游客集散广场效果图

四、滨水休闲康养区的文化景观重塑

（一）融合自然的平面布局新思维

针对镇区东侧滨水区独特的地形特点——狭长且季节性水位变化显著，本设计方案创新性地采用了挖掘与填埋并用的策略，旨在实现滨水区的全面升级。通过精心改造，原本直线型、缺乏变化的水岸线已转变为一条充满自然韵味与人文互动的曲线型水岸（图 8–27）。这一转变不仅赋予了滨水步道开合自如、韵律感十足的美学体验，更将亲水平台、台阶、树池、栈桥及步道等多元景观元素和谐地融为一体。在竖向设计上，也巧妙地构建了多层次的视觉空间，打造出一个引人入胜的视觉焦点。整体而言，该设计不仅显著提升了滨水公园的趣味性和活力，更在细节之中流露出对地域文化的深刻理解和尊重。

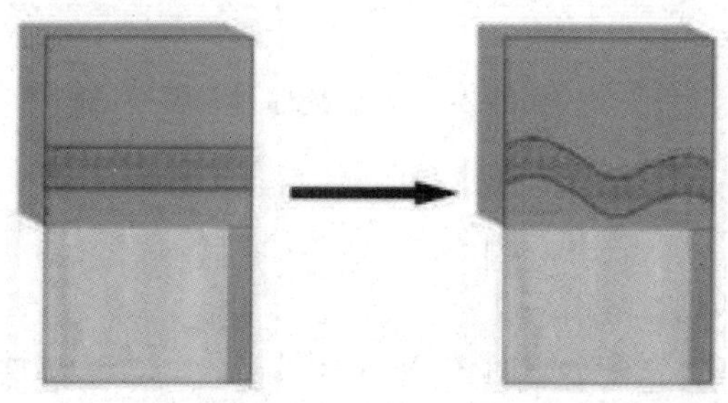

图 8–27　滨水平面形式[①]

（二）驳岸设计的文化融合与多元手法

在驳岸设计（图 2–28）中，我们巧妙融入了多种手法，旨在打造既具功能性又富有文化韵味的滨水空间。台阶式驳岸不仅为游客提供了亲近水面的机会，更成为欣赏汉江美景的绝佳观景点，增强了人与自然的互动体验。针对后柳镇部分河段的高差挑战，挡土墙式驳岸的运用有

---

① 图 8-27 至图 8-36 来源于：赵奕涵．基于文旅融合的陕南后柳古镇景观设计研究 [D]. 咸阳：西北农林科技大学，2023：81-92.

效解决了这一问题，同时结合绿化缓坡和平台绿化，营造出层次丰富的立体空间感。而栈道式驳岸和亲水平台的设计，则充分考虑了游客的安全与舒适，钢筋混凝土结构的稳固支撑与随水位变化的灵活台阶，共同打造了一个安全宜人的亲水环境。此外，植物群落式驳岸在生态保护方面也发挥了重要作用，芦苇、水葱、灌木柳等植物的种植，不仅减缓了水流冲刷，还助力水质净化，体现了设计与自然的和谐共生。①

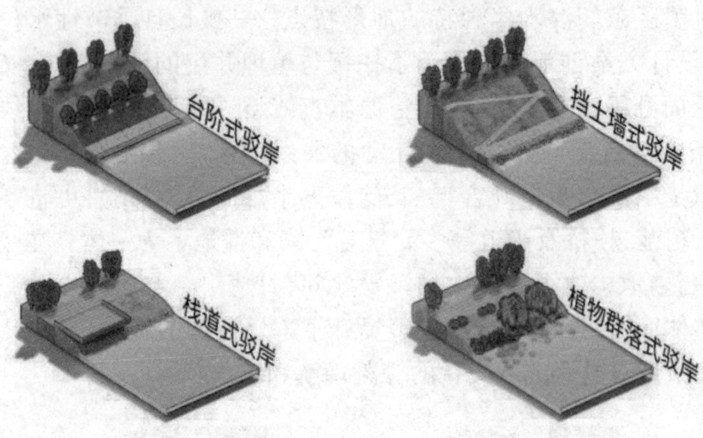

图 8-28　驳岸处理效果图

（三）步行系统：文化漫步与健康体验的融合规划

从游园入口广场延伸而出，设计者匠心独运地规划了两条步行路线——一条 2 公里的文化探秘步道与一条 1 公里的轻松漫步道，旨在满足游客的多元化需求（图 2-29）。2 公里的文化探秘步道，不仅串联了多个风景名胜点，更在沿途巧妙融入了后柳文化的精髓。通过一系列富有地域特色的景观小品与服务设施，让游客在移步换景中深刻感受后柳的韵味与历史的厚重。同时，步道的高点还设有观景台，供游客俯瞰整个公园乃至周边的旖旎风光。而 1 公里的轻松漫步道，则以其宁静的环境与葱茏的绿意，为游客提供了一处放松身心、享受自然的理想场所。沿途设置的休息驿站与小食摊点，更是为这场愉悦的漫步之旅增添了不少便利与温馨。整个步行系统，不仅是对健康生活方式的倡导，更是对

① 奉朝洋，杨眉．陕南后柳古镇滨水景观生态修复设计研究 [J]. 城市，2021（3）：71-79.

后柳文化的一次深刻诠释与传承(图 8-30)。

图 8-29 滨水游园入口效果图

图 8-30 慢行步道效果图

（四）码头公共区域：历史与现代的交融，文化传承的新地标

在码头公共区域(图 8-31)的景观改造中，我们将深入挖掘明清时期水上运输船只的文化特色，通过精细化设计，复现那些具有历史韵味的帆船结构。这不仅是对历史的一种致敬，更是为游客提供了一扇直观感受“百船竞发”历史盛景的窗口。周边环境的绿化提升与景观元素的巧妙融入，将进一步营造出自然、宜人的公共空间氛围。

同时，着眼于民众多样化的休闲需求，计划在边缘地带增设健身设备、舒适座椅、遮阴篷等户外休闲设施，打造一个集休憩、娱乐、健身于一体的多功能区域。此外，为迎接更多游客的到来，码头的停泊容量也将得到合理扩展，以满足江景游览、垂钓、龙舟体验等水上活动的需求。利用古镇独特的文化空间，举办龙舟赛和水上婚礼等传统节庆，以丰富多彩的活动形式，让参与者在愉悦的氛围中体验传统文化的魅力，促进文化遗产的传承和普及。

图 8-31　码头公共区域

（五）水域乐园：古镇文化与现代娱乐的交融之地

我们致力于将古镇南侧宁静的天鹅湖转变为一个充满活力与趣味的水域乐园（图 8-32）。在改造过程中将融入一系列古典建筑元素，如亭台、廊道和阁楼，确保它们与周围的自然景观及建筑风貌相得益彰。这些建筑不仅将为游客提供宁静的休憩空间，更将配备丰富的娱乐设施，包括游戏区和水上餐厅，延长游客的停留时间并增强其游玩体验。

此外，计划在湖中精心布置多个岩石岛屿和流水小桥，以营造出一种曲折而幽深的景致。这些独特的景观将为游客提供绝佳的摄影背景，同时，还将设立生态教育区，以提升游客对景区生态环境的认知和保护意识。

为了丰富游客的体验感，将增加多样化的水上娱乐项目，并确保在娱乐中巧妙地融入古镇的历史文化和传统手工艺元素。通过这种方式，